程　进／著

区域大气污染协同治理的理论与实践

Theoretical and Practical Research on Collaborative Governance of Regional Air Pollution

前　言

“区域性”是中国大气污染的一大特点，表现为区域内各城市大气污染高度关联，重污染天气往往同时在区域内大范围出现。除却地形因素，中国大气污染的区域性与各类产业经济活动在空间上集中是分不开的。根据 2009 年的报告，长三角、珠三角和京津冀三大城市群占全国 6.3%的国土面积，消耗了全国 40%的煤炭，生产了全国 50%的钢铁，区域内大气污染物排放集中，经常出现区域性大气污染问题。因此，长三角、珠三角和京津冀地区被首次列为大气污染防治的重点区域。大气污染的区域性特征决定了区域协同治理是中国大气污染治理的关键手段。

大气污染的区域性特征决定了单个主体进行的治理无法满足大气环境质量改善需求，区域大气污染协同治理是解决大气污染问题的必然选择。有效的区域大气污染协同治理，需要根据各治理主体之间的纵向、横向权力作用关系，构建“纵向-横向”双重视角下的协同治理结构，以及有效的制度保障机制、组织管理机制、利益协调机制、信息共享机制。长三角是我国大气污染最严重的地区之一，虽然地方政府依托合作协议、联席会议等机制开展联防联治，但多项污染物浓度仍未达到国家空气质量二级标准，以细颗粒物和臭氧为特征污染物的区域性大气污染问题依旧突出。造成长三角大气污染治理困境的原因之一在于横向府际形成的协同治理结构相对松散，难以产生制度约束，大气污染协同治理边际效应逐渐下降。2018 年 11 月，长三角区域一体化发展上升为国家战略，纵向府际关系在大气污染治理中的作用得到强化，为摆脱长三角大气污染治理集体行动困境带来机遇。本研究聚焦在"纵向-横向"双重府际关系的作用下区域大气污染协同治理结构与机制的表现特征，并以长三角为实证研究对象，在理论分析的基础上，分析长三角大气污染的空间关联特征、区域大气污染协同治理的表现特征，并对构建新时期长三角大气污染协同治理的路径与机制提出对策建议。

本书在框架上分为五个相互关联的部分：

第一，构建区域大气污染协同治理框架。比较分析不同类型环境协同治理模式的内涵特征，梳理其在大气污染协同治理方面的功能作用及其发挥作用所需条件。构建基于"纵向-横向"府际关系的大气污染协同治理框架，分析"纵向-横向"双重视角下大气污染协同治理在协同结构和协调机制方面的表现特征。

第二，开展长三角大气污染现状及其防治评价。分析长三角区域大气污染物浓度水平的演变和空间分异特征，以及长三角大气污染格局的空间显著依赖关系及其表现特征。分析长三角区域大气污染防治面临的瓶颈，特别是长三角区域大气污染协同治理面临的决策瓶颈、执行瓶颈、监管瓶颈等瓶颈问题。

第三，分析长三角大气污染协同治理结构特征。采用社会网络分析方法，分析长三角基于纵向管控与横向协同耦合形成的大气污染协同治理结构及其多层级特征，分析长三角大气污染协同治理结构的演化特征，研判地方、区域、国家等不同层级政府主体的功能作用。分析产业结构、城市空间距离、经济发展水平、大气污染水平、行政区划等因素对区域大气污染协同治理关系形成的影响。

第四，梳理区域大气污染协同治理国际经验。以欧盟、东京都市圈、伦敦都市圈、大洛杉矶地区等具有代表性的区域为分析对象，分析上述地区开展大气污染协同治理的经济社会背景、治理过程中形成的纵横结合的大气污染多元治理结构，以及在协同治理机构、政策法规、市场机制等方面实施的具体措施。在此基础上总结国外区域大气污染协同治理的路径、机制、模式等对长三角的启示。

第五，研究长三角大气污染协同治理路径与机制。基于长三角一体化发展上升为国家战略带来的机遇，分析长三角开展大气污染协同治理拥有的强化顶层设计、开展制度创新、提升执行效率等良好发展机遇。从优化协同治理结构、完善协同治理格局、推进污染治理制度协同和加强数字技术赋能等方面，探索进一步深化长三角区域大气污染治理的路径和方法。从加强动力机制、优化机制和约束机制建设等方面，分析长三角如何推动、激励和提升区域大气污染协同治理，以及如何对区域大气污染协同治理进行优化与修正。

本研究的主要观点集中在以下方面：

第一，基于“强纵向-强横向”双重府际关系耦合形成的多层级大气污染协同治理模式，能够突破传统横向府际协同治理难以形成有效约束的局限性。

大气污染协同治理中存在纵向和横向两种府际作用关系，为了适应大气污染协同治理需求，权力传导机制需根据治理需求进行调整。区域大气污染协同治理既要优化纵向协同治理结构，解决跨界大气污染治理的“碎片化”问题，增强治理措施的权威性和治理导向的公益性；也要优化横向协同治理结构，塑造多元治理主体的协商和协作关系，提升地方参与大气污染协同治理的积极性和政策措施落地的有效性。因此，推进区域大气污染协同治理，需要采取一种纵横交叉的协同治理模式，通过不同权力运行方向的协同形成互补，构建更全面、更有凝聚力的协同治理机制。

第二，长三角大气污染存在显著的空间集聚关联特征，大气污染格局在整体上呈现出高-高集聚、低-低集聚的态势。

不同类型污染物显著程度有所差异，环境空气质量综合指数、$PM_{2.5}$、PM_{10}、臭氧（O_3）的空间自相关显著性相对较强，全局莫兰指数均在 0.5 以上。冬季是长三角区域开展大气污染联防联控的关键时期。$PM_{2.5}$ 是秋冬季大气污染联防联控的重点对象，O_3 则是春夏季区域大气污染联防联控的重点对象。环境空气质量综合指数、$PM_{2.5}$、PM_{10} 的高值聚集区主要分布在皖北和苏北城市，低值聚集区主要分布在浙江沿海城市。O_3 的高值聚集区主要分布在苏南城市，涉及范围较大，并存在进一步扩散的风险。NO_2 的高值聚集区主要分布在安徽和江苏的沿江城市，以及浙江沿海的宁波、温州。SO_2 的空间聚集性相对不明显，涉及范围较小，呈分散态势。长三角各地区的首要大气污染物有所不同，需要进一步强化多污染物区域协同治理。

第三，区域大气污染协同治理网络结构具有明显的层级特征，纵向介入影响了区域大气污染协同治理网络结构。

从长三角区域大气污染协同治理网络结构演化来看，由第一阶段的“强横向、弱纵向”，到第三阶段的“强横向、强纵向”的结构特点，可以看到纵向介入得到了强化，形成的网络结构既有别于传统的纵向协同主导的“金字塔”形治理结构，又有别于横向协同主导的“扁平化”治理结构，总体上表现出纵向介入和横向协同兼顾的多层级区域大气污染协同治理特征。这种基于“强纵向-强横向”双重协同关系耦合形成的长三角多层级协同治理网络结构，有助于突破传统横向协同治理难以形成有效约束的局限性。

区域大气污染协同治理网络结构具有明显的层级特征，但这种层级特征不是自上而下的梯度分布。首先，省级行政单元在长三角区域大气污染协同治理网络结构中起到主导作用，上海、江苏、浙江和安徽四个省（市）级政府主体之间的协同关系最为紧密，在长三角区域大气污染协同治理网络结构中占重要地位。其次，国务院、生态环境部等在网络结构中发挥重要作用，在大气污染协同治理政策上给予支持、协调和帮助。

长三角区域大气污染协同治理网络结构的形成受行政边界因素的影响较为明显。大气污染治理具有公共物品的属性，区域大气污染协同治理需要实现跨区域治理。但长三角在城市这一执行层面的治理主体，依据行政区划形成了联系较为紧密的合作子集，江苏、浙江和安徽范围内的城市各自形成凝聚子群，省内城市在开展大气污染协同治理方面具有更加紧密的关系。虽然第三阶段跨行政区地方政府间协同治理联系有所强化，但在空间上还局限于省会城市或省界城市，总体上跨行政区的城市合作关系尚不活跃，需要根据不同类型大气污染物浓度分布特征及治理需要，制定跨行政区的城市协同治理措施。长三角城市间大气污染协同治理关系的行政主导特征显著。同一省份城市、邻近城市更容易形成大气污染协同治理联系，产业结构差异扩大有利于促进大气污染协同治理关系的形成，而臭氧、$PM_{2.5}$等污染物的空间影响尚未显著促进大气污染协同治理联系的形成。

第四，长三角大气污染协同治理需完善“三级运作”结构模式，推动大气污染协同治理结构扁平化发展。

一是完善长三角区域合作“三级运作”结构模式。上游提高决策的权威性和针对性，在推动长三角一体化发展领导小组下设具有区域环境规划决策权、管理权和处罚权的权威治理机构，负责长三角区域大气污染协同治理重大事项的协调。下游加强大气污染治理决策执行效率的监管执法，形成“决策—协商—执行—考核”的协同治理流程。

二是推动大气污染协同治理结构扁平化发展。长三角大气污染协同治理有利于在参与和执行上推动城市间的直接对话与交流，降低交易成本，提高合作效率和治理效率，优化城市主体之间横向联系密切的扁平化协同治理网络结构。推进市场在资源环境要素配置中的作用，建设覆盖整个长三角范围的跨区域环境交易平台，重点发展区域碳交易、区域排污权交易，以市场机制调节长三角大气污染防治利益相关者的关系。

三是强化跨区域大气污染协同治理纽带作用。以城市为主体深化长三角大气污染防治重大科技合作攻关，设立专业化的大气污染治理领域的技术转移、技术推介、技术产权交易机构，为长三角城市开展大气污染治理合作提供平台和渠道。加强省级层面大气污染防治政策制度的对接，通过统一大气污染治理标准、大气污染治理流程、大气污染治理考核等政策标准体系，为提升城市间大气污染协同治理活跃度消除制度壁垒。

目　录

第一章
绪　论

党的二十大报告明确强调，深入实施区域协调发展战略、区域重大战略，为新时期推动长三角更高质量一体化发展提供了根本遵循。随着长三角区域一体化从经济合作深化为全方位合作，大气污染等跨界环境问题的协同治理成为区域一体化发展的重要内容。长三角是我国复合型大气污染最严重的地区之一，为弥补大气污染治理中的“碎片化”缺陷，长三角地方政府之间依托联席会议、行动计划等机制，开展大气污染协同治理的探索起步较早，并逐渐形成了较为成熟的多元主体参与的区域横向协同治理结构。但横向府际基于协商形成的协同治理结构相对松散，难以产生制度约束，大气污染协同治理边际效应逐渐下降，长三角区域以细颗粒物和臭氧为特征污染物的区域性复合型大气污染问题依旧突出。与经济合作等“趋利型”府际合作相比，大气污染治理等“避害型”府际合作面临着更为复杂的集体行动困境，更需要中央政府的纵向介入。2018 年 11 月，长三角区域一体化发展上升为国家战略，强化了纵向介入在区域大气污染协同治理中的作用，为解决长三角区域大气污染治理集体行动问题带来机遇。另外，“双碳”发展目标对区域大气污染协同治理提出了更高的标准和要求，区域发展面临推动实现“双碳”目标与协同打好大气污染防治攻坚战的双重挑战，亟须探索建立并完善区域大气污染协同治理体系，有力推动减污降碳协同增效。

第一节 研究背景与研究意义

一、研究背景

“双碳”目标导向下，自然生态要素将成为区域竞争优势新的来源，区域协调发展逻辑面临新的变化。“双碳”背景下推进区域大气污染协同治理，需要加强区域“双碳”合作政策引导，完善大气污染协同治理结构，平衡地方政府利益，更好发挥不同层级政府主体在协调与监督方面的作用。

（一）“双碳”背景下区域协同发展逻辑的新变化

随着城市化的快速推进，区域协同治理先后经历了传统区域主义、公共选择理论和新区域主义等范式转换。传统区域主义着重强调政府的作用，倡导形成一个由上及下的集权化科层制模式，解决区域公共服务无效问题（曹海军，等，2013）。公共选择理论打破传统区域主义的单一中心治理模式，以分权化的市场机制解决区域公共问题（汪伟全，2014）。新区域主义则倡导在政府、社会以及市场主体之间建立综合性网络体系，实现区域公共问题协同治理（Savitch et al.，2000）。从发展态势看，多元主体的协同治理成为摆脱跨界治理困境的首要选择。

大气污染治理具有跨区域、跨层级、无界性、外部性特点，大气污染协同治理有别于其他公共事务领域。政府在大气污染治理上承担着政策制定、实施管理、监督考核等职能（陈诗一，等，2018），市场和社会成为协同治理主体的补充，上级政府的干预、地方政府间的协同治理成为区域性环境治理的有效工具。事实上，府际竞争与府际博弈同样是区域大气污染协同治理不力的症结所在。由于地方政府自利性以及大气污染公共性，地方政府会选择更好的经济发展而避免短期的经济损失，地方政府主体出现“逐底竞争”现象（刘华军，等，2019），污染避难等行为日益凸显，“搭便车”现象频发。因此，推进大气污染协同治理，完善大气污染协同治理结构，平衡地方政府利益，更好发挥不同层级政府主体在协调与监督方面的作用成为关键。

“双碳”背景下，“碳”相关发展要素具有非常强的跨区域流动性，更加要求区域间加强整体性协同，否则一些经济较发达地区的碳减排很有可能变成“碳”在区域间的转移，这不是真正意义上的减碳，不利于区域和国家“双碳”目标的实现。由于区域间发展很不平衡，经济基础、产业结构、科创水平、生态本底、资源禀赋等存在显著差异，“双碳”目标导向下，需要统筹推进节能减排降碳和宏观经济社会发展，平衡不同类型地区的大气污染治理、节能减排降碳和经济发展目标，确保地区之间发展机会的公平。

（二）长三角一体化发展上升为国家战略带来新机遇

长三角是我国复合型大气污染最严重的地区之一，区域大气污染防治合作较早，区域协同治理经验丰富，虽然地方政府依托合作协议、联席会议等机制开展联防联治，但多项污染物浓度仍未达到国家空气质量二级标准，以细颗粒物和臭氧为特征污染物的区域性大气污染问题依旧突出，区域大气污染协同治理仍存在较大优化空间。一方面，长三角区域大气环境质量差异显著。根据中国环境监测总站污染物平均浓度水平数据，安徽北部、江苏北部主要表现为 $PM_{2.5}$、PM_{10} 污染，而江苏南部、浙江、安徽南部、上海主要表现为 O_3、

NO_2 污染，长三角区域大气污染状况存在较大差异，各地区污染物污染水平分布不均，空气质量参差不齐。另一方面，地区间不均衡发展增加了协同治理难度。2022 年，在长三角 41 个城市中，上海实现地区生产总值 4.45 万亿元，是长三角唯一生产总值突破 4 万亿元大关的城市，经济总量大幅度领先其他地区，安徽省城市经济发展整体上相对较为靠后，城市之间的发展差异较大。

造成长三角大气污染治理困境的主要原因之一在于横向府际形成的协同治理结构相对松散，难以产生制度约束，大气污染协同治理边际效应逐渐下降。在城市间的经济博弈、地方政府“比政绩”驱动下，非合作博弈行为突出，抑制了区域大气污染协同治理的效果。2018 年 11 月，在首届中国国际进口博览会开幕式上，习近平总书记宣布，“将支持长江三角洲区域一体化发展并上升为国家战略”，这给长三角区域大气污染协同治理带来新机遇和新要求。长三角区域一体化发展上升至国家战略层面，更加要求协同治理的整体性和系统性，将改变原有的治理结构和治理模式，优化升级基于横向合作的协同治理结构。纵向府际关系在大气污染治理中的作用得到强化，重构区域大气污染协同治理关系与权力，为摆脱长三角大气污染治理集体行动困境带来机遇。

（三）减污降碳协同增效成为区域合作的新重点

煤炭、石油等化石能源的使用，会同时产生多种大气污染物，如 CO_2、SO_2、氮氧化物（NO_x）、挥发性有机化合物（VOCs）等。国际能源署（IEA）在《世界能源展望 2016：能源与空气质量特别报告》中指出，85%的颗粒物（PM）、几乎所有的硫氧化物（SO_x）和氮氧化物都产生于化石能源的燃烧和利用。国际能源署 2022 年发布的《全球能源评估：2021 年二氧化碳排放》显示，2021 年，全球温室气体排放量达到了408亿吨CO_2当量，能源相关的CO_2排放量达到了363亿吨。鉴于大气污染物和温室气体排放的同根同源性，大气污染防治迈向温室气体与大气环境污染物协同治理新阶段。

习近平总书记在2021年4月30日主持中央政治局第二十九次集体学习时强调，“十四五”时期，我国生态文明建设进入了以降碳为重点战略方向、推动减污降碳协同增效、促进经济社会发展全面绿色转型、实现生态环境质量改善由量变到质变的关键时期。《减污降碳协同增效实施方案》提出，统筹碳达峰碳中和与生态环境保护相关工作，强化目标协同、区域协同、领域协同、任务协同、政策协同、监管协同，目标是到2030年，减污降碳协同能力显著提升，大气污染防治重点区域碳达峰与空气质量改善协同推进取得显著成效。因此，“双碳”目标下，大气污染与气候变化协同应对成为区域协同治理的重点内容之一，如何将碳达峰碳中和纳入区域大气污染协同治理整体布局，切实推动减污降碳协同增效；如何在区域大气污染协同治理领域构建减污降碳协同增效机制，成为需探索解决的重大课题。

二、研究意义

区域污染协同治理是学术界长期关注的重要议题，“双碳”发展目标下，生态绿色成为区域协同治理的主要内容和发展方向，本研究具有较强的理论意义和实践意义，主要体现在以下三点：

（一）为丰富和完善区域一体化发展理论做出探索

区域一体化强调区域内规则、文化等的认同以及内部资源自由流动、主体紧密互动的实现，目前区域一体化相关理论多从产业分工、经济协作、创新协同等方面着手，对区域一体化进程、现状、问题、效应等开展研究。“双碳”背景下，区域发展的生态绿色转向将改变传统的区域竞争优势，区域关系将由基于经济功能的垂直分工关系，转向经济功能与生态功能并重的功能互补关系，形成新型的区域一体化发展格局。区域大气污染协同治理是区域一体化进程中的重要内容，存在纵向和横向两种府际作用关系，本研究聚焦的“强纵向-强横向”双重府际关系视角下长三角大气污染协同治理，是长三角一体化发展上升为国家战略后，纵向管控与横向协同耦合形成的新型区域协同治理模式，突破了传统横向府际协同治理难以形成有效约束的局限性，尝试探索区域环境协同治理的新视角，为丰富和完善区域一体化发展理论做出贡献。

(二) 为落实国家区域协调发展战略提供研究支撑

党的二十大报告将“协调”摆在区域发展突出位置，“促进区域协调发展”成为加快构建新发展格局、着力推动高质量发展的重要方面之一。在“双碳”发展和建设美丽中国目标背景下，国家推进京津冀协同发展、长江经济带发展、长三角一体化发展，推动黄河流域生态保护和高质量发展，把生态绿色作为区域协调发展的关键领域之一。区域大气污染的协同治理是典型的区域协调发展问题，实践表明，区域大气污染协同治理是在区域协调发展政策背景下产生并演化的。本研究以长三角区域大气污染协同治理中“纵向-横向”双重府际关系主体为研究对象，探讨长三角一体化发展上升为国家战略后，纵向府际关系如何引导大气污染治理中不同层级政府主体之间的协调和整合，分析纵向管控与横向协同耦合形成的长三角大气污染协同治理结构的多层级结构特征，明晰不同层级治理主体的功能定位，构建平衡不同层级主体利益差的协调机制，进而探寻区域生态绿色一体化发展规律，拓展区域之间基于生态绿色发展的交流合作方式。本研究的相关成果，能够为落实国家区域协调发展战略提供相关研究支撑，促进不同区域之间发展成为生态绿色共同体。

（三）为推进长三角生态绿色一体化发展提供决策参考

长三角区域一体化发展战略代表着国家区域战略演进的一个新高度，将引领和推动区域与国家经济社会发展跃上新台阶。本研究把长三角生态绿色一体化发展作为重要的研究对象，聚焦长三角城市群大气污染协同治理，开展治理结构、制度创新、政策优化、路径设计等方面的理论和实践研究。大气污染协同治理首先是不同层级政府主体之间的协同，纵向府际关系的强化进一步推动长三角形成“纵向管控、横向协同”的多层级大气污染协同治理结构，不同层级主体在决策规划、污染减排、评估监管等领域的参与方式有所差异，通过构建权责匹配的利益补偿机制和差异化的责任约束机制，能够调和不同层级主体间的责任与利益关系。本研究对长三角区域大气污染协同治理结构演化特征及优化路径的研究，有助于为相关管理部门制定长三角生态绿色发展决策提供参考，以促进长三角地区率先实现“双碳”目标背景下的区域更高质量一体化发展。

第二节 研究内容与研究框架

本研究以“纵向-横向”双重府际关系主体为研究对象，以长三角区域大气污染协同治理为例，对区域大气污染协同治理结构演化及其多层级结构特征等进行实证研究，并提出相应的对策建议，以更好促进“双碳”背景下区域大气污染协同治理效率的提升。

一、研究目标

（一）理论目标

构建“强纵向-强横向”双重府际关系耦合形成的区域大气污染协同治理框架，厘清多层级大气污染协同治理结构的运行方式和功能作用，为区域协同治理范式的理论探索提供新角度。

（二）技术目标

刻画多层级长三角区域大气污染协同治理结构的“结网”特征，定量识别长三角区域大气污染协同治理的影响因素，为制定区域大气污染治理协调机制和实现路径提供依据。

（三）政策目标

提出长三角在区域大气污染协同治理的决策源头、执行过程、绩效考核三个环节中具体的路径选择，设计实现区域大气污染协同治理目标的政策措施和保障机制。

二、研究内容

本研究的重点研究内容集中在五个方面：

（一）区域大气污染协同治理框架构建

理论分析框架是开展区域大气污染协同治理研究的基础。本部分内容集中在两个方面：一是比较分析不同类型环境协同治理模式的内涵特征，梳理其在大气污染协同治理方面的功能作用及其发挥作用所需条件；二是构建基于“纵向-横向”府际关系的大气污染协同治理框架，分析“纵向-横向”双重视角下大气污染协同治理在协同结构和协调机制方面的表现特征。其中，纵向治理结构侧重分析其权力自上而下的传导机制，通过政策颁布等命令控制型手段的过程化运行，在大气污染治理上所具有的立竿见影效果，以及纵向治理的运动式特征；横向治理结构侧重分析其合作主体的地位平等性，基于自身利益诉求和信任的协作方式，以及表现出的联席会议或协作机构等合作形式。通过构建纵向横向耦合的协同治理结构，发挥纵向管控和横向协同的优势。

（二）长三角区域大气污染及其防治评价

动态评估能够明晰长三角区域大气污染协同治理的发展方向。由于各地资源禀赋、区位及发展阶段等差异，长三角各地区经济发展结构不同，大气污染水平也不尽相同。本部分内容集中在两个方面：一是分析长三角区域大气污染物浓度水平的演变和空间分异特征，通过开展长三角区域大气污染关联分析，研究长三角区域大气污染格局的空间显著依赖关系及其表现特征。二是分析区域大气污染防治面临的瓶颈，特别是长三角区域大气污染协同治理面临的决策瓶颈、执行瓶颈、监管瓶颈等瓶颈问题。

（三）长三角区域大气污染协同治理结构分析

长三角区域大气污染协同治理结构需明确不同层级政府主体的节点位置及作用关系。本部分内容集中在两个方面：一是采用社会网络分析方法，分析“强纵向-强横向”双重府际关系对长三角区域大气污染协同治理结构的影响和作用方式，分析长三角基于纵向管控与横向协同耦合形成的大气污染协同治理结构及其多层级特征，分析长三角区域大气污染协同治理结构的演化特征，研判地方、区域、国家等不同层级政府主体的功能作用。二是分析长三角基于纵向管控与横向协同耦合形成的大气污染协同治理结构的影响因素。分析产业结构、城市空间距离、经济发展水平、大气污染水平、行政区划等因素对区域大气污染协同治理关系形成的影响。

（四）区域大气污染协同治理国际经验借鉴

大气污染防治是一个典型的跨界治理问题，区域大气污染协同治理国际经验的梳理和总结能为长三角提供相关借鉴启示。本部分内容集中在两个方面：一是以欧盟、东京都市圈、伦敦都市圈、大洛杉矶地区等具有代表性的区域为分析对象，分析上述地区开展大气污染协同治理的经济社会背景，治理过程中形成的纵横结合的大气污染多元治理结构，以及在协同治理机构、政策法规、市场机制等方面实施的具体措施。二是分析国外区域大气污染协同治理的路径、机制、模式等对长三角的启示。

（五）长三角大气污染协同治理路径与机制

适宜的路径措施能够实现大气污染协同治理结构和协调机制的效用最大化，构建协调机制的目的在于调和长三角各省市在大气污染治理上的利益差。本部分内容集中在三个方面：一是分析长三角区域一体化发展上升为国家战略带来的机遇。分析长三角区域一体化发展上升为国家战略为长三角开展大气污染协同治理带来的强化顶层设计、开展制度创新、提升执行效率等良好发展机遇。二是分析长三角区域大气污染协同治理路径。在“纵向-横向”双重协同治理视角下，结合国际大气污染协同治理的经验和启示，从优化协同治理结构、完善协同治理格局、推进污染治理制度协同和加强数字技术赋能等方面，探索进一步深化长三角区域大气污染治理的路径和方法。三是分析长三角区域大气污染协同治理的实现机制。从加强动力机制、优化机制和约束机制建设等方面，分析长三角如何推动、激励和提升区域大气污染协同治理，以及如何对区域大气污染协同治理进行优化与修正。

三、拟解决的关键问题

（一）拟解决的重点问题

一是基于双重府际关系视角分析长三角区域大气污染协同治理的多层级结构特征，阐释多层级协同治理结构在规划、减排、监测、评估、监管等领域的具体运行方式，分析不同层级府际主体的功能作用，构建平衡区域间利益差的利益补偿机制和责任约束机制。

二是长三角区域大气污染协同治理结构与协调机制的实现路径。探索长三角在大气污染协同治理的决策源头、执行过程、绩效考核三个环节应选择的路径措施，为实现大气污染协同治理目标提供具体的操作方案和政策建议。

（二）拟解决的难点问题

本研究的难点在于客观、准确地刻画长三角区域大气污染协同治理结构的“结网”特征和影响因素。其原因在于长三角大气污染特征空间差异显著，污染治理的府际主体构成复杂，污染治理制度安排多样。本研究在调研和专家访谈基础上，通过社会网络分析和统计分析方法，对长三角区域大气污染协同治理的多层级结构特征、影响因素等进行定量分析。

第三节　研究思路与研究方法

本研究基于双重府际关系视角，分析长三角大气污染协同治理的多层级结构特征及不同层级府际主体的功能作用，构建平衡区域间利益差的利益补偿机制和责任约束机制，探索长三角在大气污染协同治理的决策源头、执行过程、绩效考核等环节应选择的路径措施，为实现大气污染协同治理目标提供具体的操作方案和政策建议。

一、研究思路

本研究按照“理论构建—实证分析—实践应用”的思路展开，首先构建基于“纵向-横向”双重府际关系的区域大气污染协同治理分析框架，其次对长三角区域大气污染协同治理结构特征进行实证分析，最后在国际经验借鉴的基础上，研究提出指导长三角区域大气污染协同治理的协调机制和实施路径。本研究的基本流程、思路、方法如图 1-1 所示。

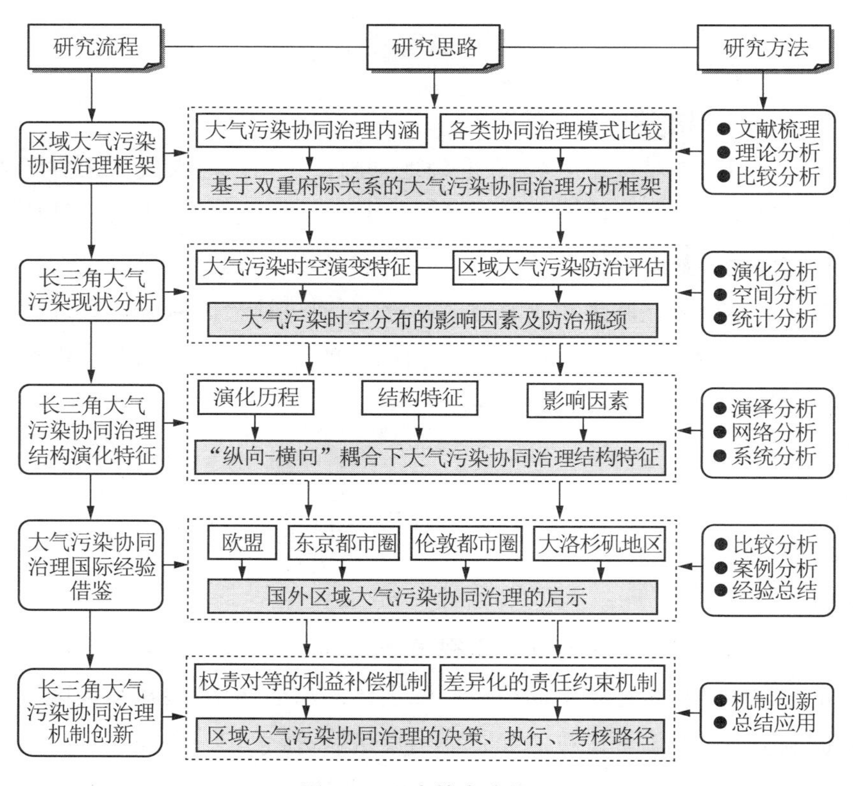

图 1-1　研究技术路线图

二、研究方法

本研究采用理论分析与实证分析相结合、定性分析与定量分析相结合、静态分析与动态分析相结合、案例分析与规律总结相结合的研究方法。

（一）文献分析

借助中国人民大学电子数据库资源、上海社会科学院图书馆资源等，查阅中国知网（CNKI）、Web of Science、Science Direct 等数据库及相关图书、年鉴资料，搜集国内外与区域大气污染协同治理相关的学术期刊和智库报告，总结当前对区域大气污染协同治理的研究进展，梳理相关研究的理论流派、观点和发展方向，研判目前学界对该领域研究的争论与不足。运用文献计量分析方法，以区域大气污染协同治理研究的相关文章作为样本文献，在采用统计分析软件 SPSS 和社会网络分析软件 Ucinet 对样本文献进行深入分析的基础上，描述区域大气污染协同治理的知识图谱，展现与分析区域大气污染协同治理研究的总体状况、研究焦点以及主要特点，为区域大气污染协同治理研究提供理论支撑。

（二）空间计量分析

空间自相关是用来衡量某个变量在空间范围内的观察值是否具有空间依赖性。本书利用 ArcGIS、Geoda 软件对长三角“三省一市”的 41 个城市进行空间分析，运用空间计量分析法对长三角城市的大气污染空间关联性进行分析。现有研究通过对区域大气污染的空间分布状况分析，运用莫兰指数（Moran's I）空间模型以揭示大气污染的空间关联特征（杨文涛，等，2020），运用莫兰指数空间转移特征分析经济扩散效应（Sun et al.，2016）。莫兰指数除了能直观描述空间分布格局，还可进一步揭示区域大气污染自相关结构特征。

莫兰指数常用于描述整体空间关联性及局部相关性（Wang Z B et al., 2020; Zhu et al., 2020）。莫兰指数是用来度量空间相关性的指标，是目前应用最为广泛的用来分析空间自相关的统计量，分为全局莫兰指数和局部莫兰指数，全局莫兰指数是用来验证整体空间集聚相关程度，若全局莫兰指数显著，则存在空间相关性。计算公式为：

$$I=\sum_{i=1}^{n}\sum_{j=1}^{n}w_{ij}(X_i-\bar{X})(X_j-\bar{X})/[S^2\sum_{i=1}^{n}\sum_{j=1}^{n}w_{ij}]$$

其中，I 为全局莫兰指数，取值区间为[−1, 1]；n 为城市总数（$n=41$）；X_i 和 X_j 表示 i 地和 j 地的指标观测值，w_{ij} 为 i 地和 j 地之间的空间权重矩阵，$\bar{X}$ 表示变量 X 的均值，$S^2=\sum_{i=1}^{n}(X_i-\bar{X})^2/n$。若 $I>0$，表示存在正向的空间自相关（或者表示空间集聚现象），且 I 值越大，空间正相关性越强；若 $I<0$，则存在负向的空间自相关（或者表示空间分散现象），且 I 值越小，空间负相关性越强；若 $I=0$，则表明空间服从随机分布。由于莫兰指数在统计上无法判断是否显著，进一步对其 z 值进行检验。

局部莫兰指数是莫兰指数的修正统计量，由安瑟林（Anselin）于1995年提出。研究地区局部大气污染的空间集聚特征，通常使用局部莫兰指数进行衡量，计算公式为：

$$I_i=(X_i-\bar{X})\sum_{j=1}^{n}w_{ij}(X_j-\bar{X})/S^2$$

其中 I_i 是局部莫兰指数，若 $I_i>0$，则呈现地区大气污染表现出高（低）值地区 i 被相邻高（低）值地区包围的空间联系特征，即为高-高（呈现在第一象限）或低-低（呈现在第三象限）集聚模式；若 $I_i<0$，

则为低-高(呈现在第二象限)或高-低(呈现在第四象限)集聚模式。

核密度估计属于非参数检验方法之一,可对随机变量的概率密度进行估计,通过连续的分布曲线反映分布位置、延展性、极化程度等分布动态。计算公式为:

$$f(x)=\frac{1}{Nh}\sum_{i=1}^{N}K\left(\frac{X_i-\bar{x}}{h}\right)$$

其中,$f(x)$为随机变量 X 的密度函数,X_i 为独立且同分布的观测值,$\bar{x}$为变量 X 的均值,N 为观测值的数量,h 为带宽,$K(\cdot)$为核函数。

根据核密度函数的表达式不同,可以分为高斯核函数、三角核函数、伽马核函数等,本书选取使用最广泛的高斯核函数。核函数计算公式为:

$$K(x)=\frac{1}{\sqrt{2\pi}}\exp\left(-\frac{x^2}{2}\right)$$

在核密度估计图中,若波形向左移动、波峰垂直高度上升、水平宽度收窄、波峰数量减小,则表明其核密度趋于向数值减小变化。

本书选择环境空气质量综合指数(简称"综合指数")为本次研究样本数据之一,该指数是描述城市环境空气质量综合状况的无量纲指数,指数越大表明空气综合污染程度越重。为分析不同类型污染物的空间集聚特征,本书选取六类污染物($PM_{2.5}$、PM_{10}、SO_2、NO_2、CO、O_3)浓度表征大气污染程度,各污染物及指数的数值越高,表明大气污染越严重。

研究数据来源于中国环境监测总站的全国城市空气质量报告,根据数据公布情况,共获取长三角区域包括上海市、安徽省、江苏省、浙江省范围内41个城市2018年6月至2023年1月大气污染数据，分析长三角区域大气污染空间关联特征，并探析长三角区域大气污染空间格局演进趋势。

（三）社会网络分析

政策文献计量和社会网络分析被应用于协同治理网络相关研究（张桂蓉，等，2021），参照现有研究成果，本书运用社会网络分析法开展研究，以网络位置反映长三角区域大气污染协同治理结构特征。社会网络是由作为节点的社会能动者（social agent）及其间的相互关系组成的，能动者间的特定关系组成了网络节点间的连线，即连线表示节点间合作、互动关系。经过筛选和整理，长三角区域大气污染协同治理主体共计59个，主要包括：第一，国务院以及国家发展改革委、生态环境部、工信部、科技部、财政部、交通运输部等中央部委；第二，上海、江苏、浙江、安徽四个省（市）政府主体及辖区内的地级市政府主体。

1. 整体网络特征分析

本研究用网络密度反映协同治理结构中节点之间的联系紧密程度，网络密度越大，说明节点之间的大气污染协同治理联系越密。计算公式为：

$$D=\sum_{i=1}^{k}\sum_{j=1}^{k}d(ni,\ nj)/k(k-1)$$

其中，D为网络密度，k为节点数，$d(ni,\ nj)$为节点ni、nj之间的关系量。

2. 节点网络特征分析

本研究用中心度来反映节点大气污染协同治理结构中的地位与重要性，选取度数中心度和度数中心势（余娟娟，等，2020）两个指标对区域大气污染协同治理结构中的节点地位进行分析。

度数中心度度量了网络中节点与其他节点的联系，反映了“一个点与其局部环境联络的程度”。度数中心度越高，表示该主体在整体网络中的中心化程度越高，影响力越大。计算公式为：

$$C_{RD}(x)=\frac{D(x_i)}{n-1}$$

其中，n 为节点个数，$D(x_i)$为节点出入度之和。

度数中心势表示网络图的整体中心性，刻画在一定程度上某个点的集中趋势，体现协同治理结构网络的集中程度。计算公式为：

$$C_{RD}=\frac{\sum_{x\in n}\max C_{RD}(x)-C_{RD}(x_i)}{n-2}$$

3. 空间聚类特征分析

本研究通过凝聚子群分析找出大气污染协同治理网络中的子集合的数量、关系等，凝聚子群是联系治理个体和治理网络的桥梁，治理主体之间相互关联，先形成各类凝聚子群，然后凝聚子群之间相互连接形成复杂的协同治理网络(盛科荣，等，2019)。

4. 数据来源

为保证数据全面性、准确性，本书从以下两个方面进行数据检索：

第一，从“北大法宝”法律法规数据库中检索所需文本数据，选取截至 2022 年发布的与长三角地区“大气污染治理”相关(直接或间接包括地方性法规、地方政府规章、地方规范性文件、地方司法文件、地方工作文件、行政许可批复等栏目)的文本数据，逐条筛选。

第二，从相关政府部门网站中筛选所需数据文本。选取 2008—

2022年政府发布的与长三角地区“大气污染治理”直接或间接相关的政策文本数据作为研究样本，样本数据来源渠道包括国务院政府公报（以“大气污染治理”为关键词逐条筛选），上海市、安徽省、江苏省、浙江省四地政府网站及生态环境部等部委政府部门网站，对国家、长三角及相关地方层面的政策法规、工作动态等栏目进行筛选。

最后整理所得文本数据，通过去重、筛选，合并所搜集文本数据。

5. 数据处理

检索到的与协同治理相关的有效文本数据为292条。考虑到合作与交流的双向性，因此样本数据为无向关系数据。在关系赋值上，若政府主体间存在联合行动（文本数据上体现为同时出现在同一文本中），将两两合作关系值记为1，否则记为0。通过上述处理，得到长三角区域大气污染协同治理的关系值矩阵。

考虑到2014年长三角区域大气污染防治协作小组成立，2018年长三角区域一体化发展上升为国家战略，本书从2008—2013年、2014—2017年、2018—2022年三个阶段分析长三角大气污染协同治理结构演化情况。研究将处理好的社会网络关系值矩阵导入Ucinet软件，得到对应三个阶段的网络中心度指标结果，运用网络图谱分析软件gephi 0.9.2绘制三个阶段长三角区域大气污染协同治理网络结构可视化图谱，线条越粗颜色越深，表示节点之间的大气污染协同治理联系越紧密。通过比较分析不同阶段行动主体在网络中的位置、合作关系强度等，识别长三角区域大气污染协同治理网络结构特征。

（四）实地调查研究

本研究为了解长三角区域大气污染协同治理的形势、任务和挑战，先后赴长三角一体化示范区管委会，上海市生态环境局，江苏省南京市、无锡市、常州市，浙江省杭州市、绍兴市，安徽省合肥市等地开展调研，深入了解“双碳”背景下长三角各级政府部门、企业等参与区域环境协同治理的进展及遇到的困难，确保本研究紧贴长三角区域大气污染协同治理实践。

三、创新之处

本研究可能的创新之处体现在三个方面：

学术思想上，本研究认为大气污染协同治理中存在纵向和横向两种府际作用关系，基于“强纵向-强横向”双重府际关系耦合形成的长三角多层级大气污染协同治理模式，突破了传统横向府际协同治理难以形成有效约束的局限性，与京津冀等区域形成的“强纵向-弱横向”污染协同治理范式亦有显著区别，为区域协同治理理论创新提供了新视角。

学术观点上，本研究认为大气污染协同治理是不同层级政府主体之间的协同，纵向府际关系的强化推动长三角形成“纵向管控、横向协同”的多层级大气污染协同治理结构，不同层级主体在决策规划、污染减排、评估监管等领域的参与方式有所差异，通过构建权责匹配的利益补偿机制和差异化的责任约束机制，能够调和不同层级主体间的责任与利益关系。

研究方法上，以往区域污染协同治理研究多侧重定性分析，本研究将社会网络分析和演化分析相结合，动态刻画长三角区域大气污染协同治理结构的演化特征，定量化分析府际治理主体的结构关系及其影响因素，为分析不同层级治理主体在大气污染协同治理中的参与方式和功能提供依据。

第二章
区域大气污染协同治理的理论认知

在区域大气污染协同治理过程中，不同层级治理主体的行为选择会对大气污染协同治理效果产生直接或间接影响，构成了交错复杂的治理结构关系。单独的纵向协同治理或横向治理都不足以应对日益复杂的大气环境问题，需要深入了解"纵向-横向"双重视角下大气污染协同治理的理论基础和运行机制，构建多层级府际主体协同治理结构以及与其相匹配的协调机制，调和大气污染协同治理中的区域间利益差，克服长期存在的属地化治理弊端，对区域大气污染治理资源和治理行为形成有效的引导和约束，为深入打好大气污染防治攻坚战提供参考。

第一节　国内外大气污染协同治理研究进展

本节首先利用可视化分析工具研究了该领域国内外文献研究趋势，总体来看，学界更多关注建立常态化协同治理机制，区域大气污染协同治理更加趋向网络化；其次，梳理学者有关区域大气污染协同治理结构的研究，发现有关纵向府际关系影响下的多层级大气污染协同治理结构研究还有待持续深入。

一、国内外区域大气污染协同治理文献概览

文献数量的描述可以反映出2011—2021年间对于该领域的研究趋势,本研究结合时代环境和政策背景,以时间为线索梳理区域大气污染协同治理方面的研究成果。时区视图(Time-Zone View)、桑基图可以直观反映出随着时间变化研究主题的变化,反映区域大气污染协同治理时间段内的研究热点,进而把握未来的研究方向。

研究利用文献计量方法和Citespace、Cortext等分析软件、平台,对文献进行可视化分析。选取中国知网CSSCI期刊,检索时间选择2011—2021年(截至2021年3月18日),对主题"区域治理"(并含"大气"或者"跨域治理",并含"大气"或者"协同治理",并含"大气"或者"跨界治理",并含"大气"或者"府际",并含"大气")进行检索,通过逐条筛选与除重,得到128篇有效文献。选取WOS(Web of Science)核心数据库,检索时间选择2011—2021年(截至2021年3月18日),为更精确查找相关文献,主题为"collaborative or cooperative governance or * regional governance or inter-province or alliance or coalition"并含标题"air OR atmosphere * ",语种选择"英语",文献类型选择"article OR review",经检索、筛选与除重后,最终得到282篇有效文献。

(一) 国内外发文量分析

国内关于区域大气污染协同治理的研究文献量总体保持上升态势。2013年后该领域研究迅速增长,特别是2015—2016年间研究态势迅猛,文献质量也较高,集中在《中国行政管理》《公共管理学报》《中国软科学》等期刊,且文献多由国家社会科学基金、国家自然科学

基金以及地方基金支持。国外英文文献量也同样保持高增长态势，特别是2016年后文献量稳步增加。文献多集中在《国际环境研究与公共健康期刊》(*International Journal of Environmental Research and Public Health*)、《持续性》(*Sustainability*)、《环境科学政策》(*Environmental Science Policy*)等期刊(见图2-1)。

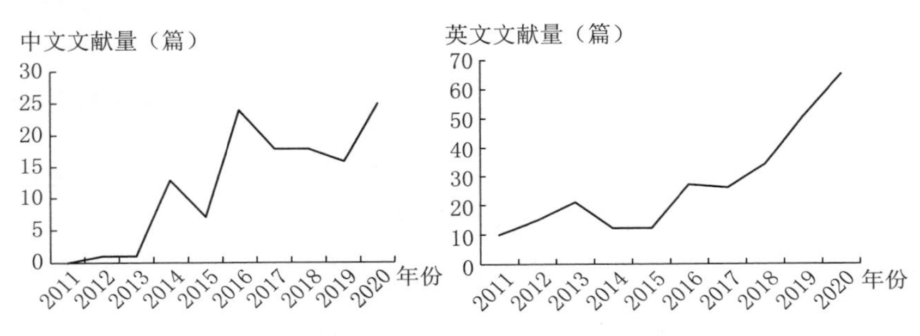

图2-1　2011—2020年间区域大气污染协同治理的发文量变化

(二) 研究趋势分析

1. 国内区域大气污染协同治理研究趋势

国内关于区域大气污染协同治理的研究文献量总体保持上升态势。首先，2011—2013年是文献量缓慢增长阶段，侧重大气污染和区域治理的研究。这一阶段文献量上升较为缓慢，可以看出“大气污染”“区域治理”为关键词(见图2-2)。

其次，2014—2016年是区域大气污染协同治理研究的快速发展阶段，侧重纵向约束的协同治理研究。“协同治理”“京津冀”“联防联控”“区域大气污染”为关键词(见图2-2)。2013年的全国性严重雾霾是大气污染治理与研究的重要转折点，大气污染防治相关行动计划的出台，以及长三角区域大气污染防治协作小组的成立，促进了政府协同治理、利益协调等理念在区域大气污染协同治理研究中的体现和强化。

最后,2017 年至今为实践深入探索阶段,侧重府际协同治理的研究。“大气污染防治”“地方政府”“社会网络分析”“区域环境”“气候变化”等成为该阶段的关键词(见图 2-2)。该阶段研究侧重协同治理的实证分析,关注不同区域的大气污染协同治理研究。跨区域的大气污染治理已取得较大成果,区域性大气污染问题初步得到改善,府际协同关系的优化成为研究的重点。

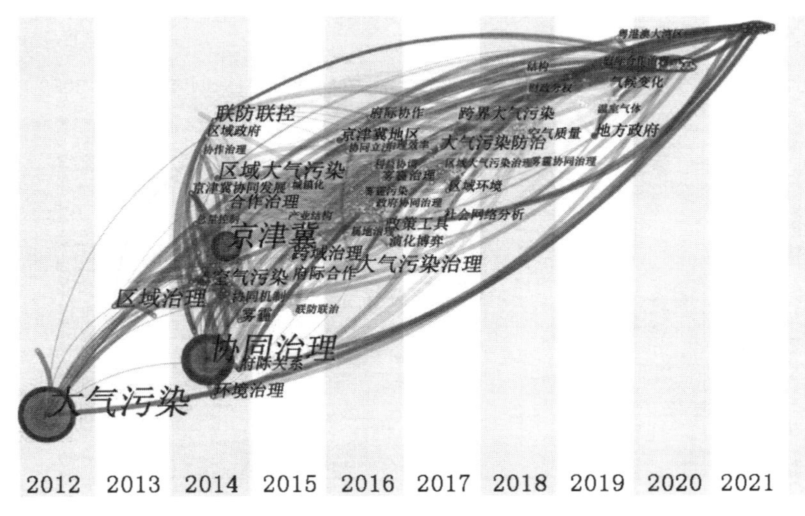

图 2-2 区域大气污染协同治理的研究时区视图

2. 国外区域大气污染协同治理研究趋势

对于国外区域大气污染协同治理研究主题变化,从所选取的时间跨度来看,前期学者关注大气与环境污染以及协同治理理论研究,如大气污染(atmosphere & air pollution)、冲突检测与协同控制理论(conflict detection & collaborative control theory);中期对 $PM_{2.5}$、合作效率及生态影响主题较为关注,如环境库兹涅茨曲线和 $PM_{2.5}$(environment Kuznets curve & $PM_{2.5}$)、合作系数与金砖国家

(collaboration coefficient & the BRIC countries)、生物质品质提升与降灰(biomass quality improvement & ash reduction);近年来较多关注气候变化、公众参与以及市场行为与协同治理,如气候变化影响与环境历史(climate change impacts & environmental history)、社区参与和环境正义(community engagement & environmental justice)、布莱克·肖尔斯期权定价模型和排放许可贸易(Black Scholes options pricing model & emission trading)。(见图 2-3)

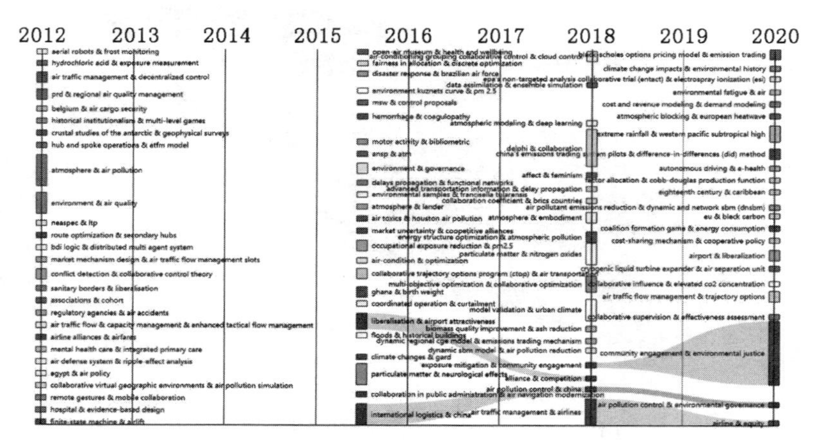

图 2-3 英文文献主题变化桑基图

分析中文文献时区视图、英文文献主题变化桑基图,将区域大气污染协同治理领域的文献可视化后,可总结出以下结论:第一,国内外文献量越来越丰富,国内研究主题的变迁明显受到政策影响;第二,国内外对于区域大气污染协同治理的研究都体现出问题导向性,国外研究重点相对偏向大气污染对于人体健康影响的研究,研究视角存在异同点;第三,区域大气污染协同治理越来越注重多元主体参与及社区力量的发挥,国外的研究更加关注市场机制作用的发挥,总体来看，区域大气污染协同治理更加趋向市场化和网络化发展。

二、区域大气污染协同治理研究综述

大气污染具有跨域性、公共性和外部性等特征，区域协同治理是解决大气污染的必然选择，需要借鉴区域协同治理理论的发展脉络，形成治理主体间良性互动结构，构建区域间利益关系协调机制，因此本研究从区域大气污染协同治理结构、区域大气污染治理协调机制等方面梳理相关研究动态。

（一）区域大气污染空间关联性研究

在区域大气污染防治联防联控协作机制建立和实施的过程中，如何探寻区域大气污染空间关联性，分析区域大气污染的时空变动规律，揭示区域间大气污染的相互影响，一直是学术界关注的热点问题。一些研究关注到城市间普遍存在大气污染依赖关系，并且这种空间关联的紧密程度逐渐上升：近年来我国大范围雾霾污染的频繁出现与雾霾污染区域性特征的日趋强化密切相关（刘华军，等，2018），原因在于经济单元之间的相关性和相似性；大气污染在区域之间表现出稳定的空间集聚效应（Wang et al., 2021），京津冀、长三角和珠三角城市群大气污染均存在着明显的空间相关性和溢出效应（徐绪堪，等，2020）。针对区域大气污染物浓度时空分布与演化的相关研究已有较好基础，已有研究多采用重心模型（刘曰庆，等，2020）、核密度估计（张伟，等，2017）、空间自相关分析（丁俊菘，等，2022）等方法，基于大气污染物浓度在不同空间单元的分布差异以及空间相关性进行研究。冷热点分析方法常用来探究大气污染未来空间集聚特征演变趋势（陈敏，等，2022），研判大气污染物浓度在空间上的集聚态势。部分研究从网络结构视角出发，将大气污染评价因子重构成环境污染综合评价指标，构建区域环境污染的空间关联网络，并运用网络分析方法考察该空间关联网络的特征（林黎，等，2019），对大气污染空间关联网络的整体网络结构特征和个体网络结构特征进行分析（刘传明，等，2019）。研究成果为大气污染联防联控的有效实施提供了相应支撑。

由于区域大气污染呈现多种污染源耦合构成的复合污染态势，区域内具有地方性污染特征，这就要求针对污染源种类制定精细化的防治政策（宁自军，等，2020）。随着长三角区域一体化发展上升为国家战略，对其空间关联性分析趋于增多，研究发现长三角秋冬季区域性污染具有影响范围广和持续时间长等特征，污染类型主要为区域外传输型与区域内累积型（李瑞，等，2020）。长三角城市群的空气污染具有明显的空间溢出效应，“高高集聚”和“低低集聚”的空间分布特征逐年来越发显著（肖严华，等，2021）。虽然长三角 $PM_{2.5}$ 污染情况得到显著改善，但超过三分之二的地区仍存在不同程度超标现象，呈现“西北高、东南低”的污染格局（宓科娜，等，2018）。综合来看，已有的文献虽然对长三角大气污染的时空格局进行了探索和分析，但大多局限于 $PM_{2.5}$ 等单一大气污染物研究上，缺乏多种污染物的空间结构特征研究。当前 $PM_{2.5}$ 与 O_3 成为影响我国区域空气质量的主要空气污染物，二者协同控制已成为区域空气质量改善的焦点和打赢蓝天保卫战的关键（李红，等，2019）。由于 SO_2、NO_2、PM_{10}、$PM_{2.5}$、O_3 等不同类型大气污染物相互作用、相互影响，需要开展长三角多污染物的分布格局研究。

（二）区域环境协同治理模式与结构研究

20 世纪 70 年代之后，针对地方政府之间为了吸引企业和资源的流入而陷入互相竞争的“污染避难所”情形（Copeland et al.，1994），许多学者呼吁建立区域间的横向合作关系。地方政府间合作一直被认为是区域环境合作的重要途径，克里斯滕森(Christensen，1999)认为政府间合作的方式主要有：信息交换、共同学习、相互审查与评论、联合规划、共同筹措财源、联合行动、联合开发、合并经营。沃克(Walker，2000)等认为政府间合作有助于减少“搭便车”效应的产生，使得政府间在处理公共事务时更有效率。李明全等(2016)研究指出我国现行环境管理体制决定了地方政府对区域环境合作治理的稳定性有显著影响。区域生态补偿、区域环境规制、区域环境立法也被学者认为是促进区域环境合作治理的重要方式。卢新海等(2016)认为建立区域间资源利用和经济补偿的联动关系，是促进区域协调发展的关键。郭文(2016)认为严格的环境规制政策有助于环境治理效率的提升，不同区域应采用差异化的环境规制目标。孟庆瑜(2016)指出加强地方环境协同立法，可以为协同改善区域生态环境提供法律支撑。

学者指出仅依靠政府进行区域环境合作治理容易产生弊端，企业、公众以及环保社会组织应该成为治理主体。斯彭斯(Spence，2001)认为企业在区域环境治理中应该发挥关键作用。汪泽波等(2016)认为政府行政方式或市场手段都存在一定缺陷，需要调动政府、企业、民众和非政府环保组织参与区域环境合作治理的积极性。甘宁汉(Gunningham，2009)指出多元化治理主体参与的前提是要有参与对话机制，以及灵活性、包容性、透明度、制度化的共识达成机制。还有学者从区域环境合作治理的层次性角度进行了探讨，阿伦森(Arentsen，2008)研究指出区域环境治理需要多层次的合作甚至包括国际合作，并且环境政策的决策过程要有更多的利益群体参与。纽格等(Newig et al.，2009)认为一个包含更多部门的多中心体系要比单中心的政府管理对区域环境合作治理更加有利。

区域环境协同治理模式可归纳为网络治理、协同治理、多中心治理和整体性治理等不同模式。网络治理模式有别于传统的科层制，主张环境治理的分散化、多维化和灵活化(Denton，2017)。协同治理模式是使相互冲突的不同利益主体得以调和并且采取联合行动的持续过程，有助于规避风险(严燕，等，2014)。多中心治理模式是相对于单中心治理模式而言，强调企业、社会组织、公众等主体的作用(汪泽波，等，2016)。整体性治理模式的核心思想是将环境污染的外部性问题内在化，在解决传统的分割式管理模式带来的“碎片化”问题上发挥重要作用(胡佳，2015)。不同的环境合作治理模式在演进过程中呈现出互相借鉴、共同完善的趋势。

随着治理理论的发展和区域协同治理实践的不断深入，治理主体趋于多元化，治理手段和形式更加丰富、综合、复杂化，需要调动政府、市场和社会多种力量。从不同视角来看，协同治理结构有不同的表现类型。从权力传导机制视角来看，区域协同治理结构可分为纵向协同治理、横向协同治理、网络式协同治理、主体协同治理等。其中，纵向协同治理又称整体治理，着眼于政府间运作模式，包括中央政府与地方政府间的“上下协作”、政府职能部门间的协作等，突出权力的主导，力图解决属地管理的碎片化等问题；横向协同治理突出地方政府的主体地位平等性，针对共同问题寻求行政层面的合作；网络式协同治理基于地位平等，突出多中心的角色差异的合作；主体协同治理以英国为典型代表，着眼于“协同政府”的构建，近年来还有学者提出了斜交式的联动结构(方木欢，2020)。

在协同治理相关研究中，治理主体始终处于焦点位置，协同治理主体参与是协同治理成功的关键因素(Huxham，1997)。协同治理主体参与者包括中央政府、各级政府及各层级政府部门、组织、社区及公众等，协同治理结构强调参与主体在协同治理行动过程中的位置，而参与主体的位置影响了协同治理的效果和作用机制。学者对区域环境协同治理关键要素的研究聚焦于政府与政府间、部门与部门间（Bryson et al.，2006）、政府与企业间，以及多元主体网络式协同治理结构等。不同层级或同一层级的政府、部门，或依托等级制度实现纵向协同，或以“联席会议”形式进行横向协同，或以“专项任务”形式开展条块化横向协同治理；政府与企业间的关系结构根据行动的自主性与互动性分为纵向和横向网络（汪锦军，等，2014）。

（三）区域大气污染协同治理结构研究

大气污染的空间溢出效应意味着“单边”治理努力徒劳无功（邵帅，等，2016），治理主体需要通过一定的互动结构开展集体行动。现有研究通过厘清大气污染物相互作用的区域边界，探索区域政府主体间网络状协同治理结构（Liu et al.，2018），强调在治理主体之间建立横向联系，改善知识、技术和信息的流动条件（Tiwari et al.，2015），治理主体间的权力和技术结构关系特征将影响治理决策（Denton，2017）。在这种横向府际协同结构中，由于区域间利益冲突，地方政府主体存在“逐底竞争”现象而放松治理力度（刘华军，等，2019），大气污染协同治理呈现出“运动式治理”的特征（Shen et al.，2019）。因此，在完善大气污染协同治理结构和协调机制过程中，需要发挥高层级主体在决策、监管与协调等方面的作用。

1. 大气污染纵向协同治理结构研究

一是中央政府主导，地方政府无条件参与治理，本质上是一种自上而下的治理方式。从府际权责划分视角，学者认为在大气污染防治中，各级政府治理责任主体地位缺失（姜晓萍，等，2015），府际松散治理；存在“科层式”属地治理模式（卓成霞，2016）；激励不足，制度掣肘（陈桂生，2019）；在大气环境治理上投入不公平，中央政府的强制约束能够有效促使协同治理行为的形成。从府际合作博弈角度来看，学者通过静态博弈、两两演化博弈以及三方博弈等方法对府际合作展开研究，如运用数值模拟方法考察中央政府的约束对京津冀大气污染协同治理的影响，得出政府差异化约束是解决行动“滞后性”问题的保障（王红梅，等，2016）。从动态博弈考察府际协作的均衡机制，在没有约束的条件下，异质性政府之间无法自发形成稳定的合作模式，合作无法自发达到均衡状态，通过引入惩罚机制，在中央政府监管下的合作是目前相对成本更低的方案（聂丽，等，2019；Zhang et al.，2018；Zhang et al.，2019）。从污染产业转移角度分析约束和非约束条件下区域地方政府大气污染协同治理的稳定策略和影响合作稳定性的各种因素，部分学者认为协同治理策略会受到实施规制的成本等影响，在地方政府自主选择的情况下，最优补偿治理策略无法达到稳定合作，在中央政府的监督下，一定经济惩罚能够获得稳定合作策略（He et al.，2020）。地方政府的合作模式受到合法化授权和问责强度的影响，当地方政府获得较少合法授权及受到自上而下和自下而上的问责压力时，会展开运动式治理，而在这两个因素增强时，会表现出协同型运动式治理，持续增强则表现为突击型治理方式（阎波，等，2020），纵向压力的变化使得协同治理模式呈现出不同变化形态。然而，有学者认为纵向主导的协同治理结构是一种被动的政策响应，在实施过程中仍呈现“碎片化”，纵向的高位推动使得府际合作成为暂时，长效性合作难以维持，因此，应在发挥纵向治理优势的前提下，更多发展内源式政府间横向协同关系（朱成燕，2016）。

二是中央政府指导下，地方政府自愿参与合作治理。该种治理结构体现了地方政府的“理性选择”，是基于成本-收益的考量以及信任与合作。事实上，当参与者认同其参与的网络时，就会产生一种强大的合作治理动机（Barrutia et al., 2019）。这种自愿合作更多来自契约式的价值正当合作，是基于平行政府的自身管辖权的部分让渡（崔晶，等，2014；姬翠梅，2019），而非中央政府的强制约束，中央政府的领导和监督应建立在各地方政府自愿参与合作治理的基础上。事实上，相对自治和多个决策中心的存在，使参与者能够更好进行规则创造和区域协调（Méndez-Medina et al., 2020; Chen et al., 2016）。协同治理过程中，被定义为外部参与者的中央政府（即局外人）能够更好识别利益相关者，整合相关利益，更重要的内部效应是建立一个支持性的体制结构（Sedlacek et al., 2020）。上级政府支持对协同治理的“形成”具有显著影响，而治理主体的信任程度对协同治理的“维系”同样存在显著影响（景熠，等，2019）。

2. 大气污染横向协同治理结构研究

一是从区域政策协同角度分析横向协同治理。研究认为该种治理结构过度依赖短期的行政管控手段，实际上是一种“任务驱动型”的协同（魏娜，等，2018）。对京津冀及周边地区的实证研究发现，区域大气污染治理政策存在“跨行政区”差异，各地政府响应速度也大不相同（姜玲，等，2017），为了建立长效机制，应“去中心化”，以此促进区域的协同发展（李昕，2020）。因此，除了中央政府的顶层设计之外，各地方政府需要设计与构建多样化制度，加强横向治理主体的协同关系（王雁红，2020），在政策制定上应考虑地方横向协同产生的创造性。

二是从地方政府间的利益协调和沟通研究横向协同治理。学者认为，地方政府间的横向合作关系不会降低原有的权威性，反而会在此基础上加强，因为合作关系的形成通常是建立在中央政府的资源保障之内，以此更好解决有关公共事务。如针对美国肯塔基州一个高度工业化地区的研究发现，在当地大气污染治理过程中，自上而下的大气污染监测成本巨大且缺乏有效的共同决策，利用 IAD 框架发现地方社区一级的交流过少，与自上而下的决策存在差距，因此应促进横向关键利益相关者共同决策和合作计划以弥补这些差距（Sarr et al., 2021）。区域合作治理的减排成本优于属地治理成本，各地方政府均可从合作治理中获得一定收益（Liu et al., 2022）。但是，财政分权加剧了地方政府间的横向竞争和纵向竞争，造成市场分割加剧，行政区之间的利益更加难以有效统筹（蔡嘉瑶，等，2018）。因此，在横向协同治理基础上引入纵向嵌入式治理机制，能够降低地方政府交易成本，但需要解决制度稳定性和可持续性缺乏的问题（邢华，等，2019）。

（四）区域大气污染治理协调机制研究

区域发展差距、行政壁垒、机制缺失等是区域环境合作治理困境的主要成因。张可云等（2009）指出区域环保合作问题的原因体现在外部性的非对称性，以及区域经济发展水平差距巨大。易志斌（2013）认为区域环境治理合作主体、领域和机制的模糊与缺损，一直是影响我国区域环保合作广度与深度的一个重要原因。西蒙诺娃等（Simeonova et al., 2016）指出区域环境和社会经济利益之间的平衡主要面临制度障碍。李雪松（2014）分析认为区域发展阶段不同导致诉求各异，造成环境政策难以相互协调，使得合作过程中存在“囚徒困境”和“搭便车”等问题。

大气污染协同治理是区域间在治理资源和利益上不断博弈和调和的过程，受区域异质性影响，大气污染源结构（周侃，等，2016）、经济发展结构(Wang et al., 2019)的区域差异显著,区域间环境治理成本和环境绩效水平(张伟,等,2011)亦有所不同,从而产生区域间利益协调困境。因此,建立大气污染治理协调机制需要准确识别区域间的异质性特征,协调好不同行政区划之间的利益冲突(锁利铭,2017)。区域协调机制重点在于推动要素流动,均衡资源区域间配置,一些地区探索通过补偿手段来纠正区域合作失灵(唐湘博,等,2017),或在区域协同治理各环节实施强有力的监督行为和制裁约束,维护污染协同治理有序运行(Ostrom, 2010)。因此,当涉及利益主体之间的博弈时,需通过双边或多边协议规制主体之间价值偏好和利益冲突。

三、文献评述

通过国内外文献分析,可以看出区域大气污染协同治理相关研究关注点从协同治理、联防联控到建立常态化协同治理机制,多元主体参与越来越受到关注。其中协同结构、协同过程、府际合作、气候变化等成为研究热点。现有研究还存在以下不足。

第一,对纵向府际关系影响下的多层级大气污染协同治理结构研究不足。现有的大气污染协同治理研究范式强调政府、市场、社会多元主体间的协同关系,大气污染协同治理有别于其他公共事务领域,需要政府主体的积极干预。已有的区域大气污染协同治理结构研究侧重于强调横向府际结构关系,而横向府际形成的协同治理结构相对松散,难以产生制度约束,区域大气污染协同治理边际效应逐渐下降。因此,对纵向府际关系影响下的多层级大气污染协同治理结构研究还有待加强,需要开展“纵向-横向”双重府际关系视角下区域大气污染协同治理的治理结构研究,以丰富相关理论和实践。

第二，对区域大气污染协同治理结构的动态演化研究不足。区域大气污染横向协同治理结构的权威性不足，地方由于利益协调难度大，难以有效达成具有约束力的协同治理行为；区域大气污染纵向协同治理结构带来的权威式的管理具有较强的运动式特征。实践表明，横向与纵向协同治理结构在时间上不是截然分明的，存在一定的重叠和交叉，尽管现有研究采用博弈论从多元视角探究协同主体的策略选择和合作路径等，但较少从动态的视角分析区域大气污染协同治理结构的演化过程、内部结构特征和相应的机制变化。

第三，区域大气污染协同治理的协调机制研究有待完善。现有研究对区域大气污染协同治理的关键影响因素的分析多以描述性为主，缺乏定量的实践研究。“双碳”发展背景下，生态绿色成为区域发展目标之一，生态环境要素将成为区域竞争优势新的来源，生态绿色合作在区域分工中的地位将有所提升，区域大气污染协同治理的逻辑面临新的变化，开展新时期区域大气污染协同治理的利益协调机制研究的需求较为迫切。由于我国不同区域经济社会发展和政策基础不同，区域发展特征有所差别，不同区域的大气污染协同治理结构差异化特征显著。因此，有必要根据现有理论研究与实践，构建纵向介入与横向协同联动的多层级大气污染协同治理结构，深入研究大气污染协同治理的利益协调机制。

第二节　区域大气污染协同治理的理论基础

大气污染的复杂性决定了由单个治理主体所进行的治理已经无法适应大气污染治理的需求，区域大气污染协同治理是解决大气污染问题的必然选择。有效的区域大气污染协同治理，需要根据各治理主体之间的纵向、横向权力作用关系，构建“纵向-横向”双重视角下的协同治理结构，并构建有效的制度保障机制、组织管理机制、利益协调机制、信息共享机制。

一、基本概念辨析

（一）协同

“协同”（collaboration）这一概念由来已久。德国物理学家赫尔曼·哈肯（Hermann Haken）提出了协同理论，源于物理学，强调整体系统中各子系统相互影响又相互合作，因此该理论也被称作非平衡系统的自组织理论。“协同”区别于合作（cooperation）、协调（coordination），合作无须让渡自主权，仅为实现共同目标，协调用来建立促进共同工作的结构化机制，而协同突出更加紧密的联系过程，需要更多的信任和资源共享，甚至要模糊各机构之间的界限（Keast et al.，2007）。概而言之，协同要求系统的各部分之间相互协作，使整个系统形成微观个体层次所不存在的新质的结构与特征。关于“协同”的研究，从治理主体角度分析，如单一主体政府视角，强调政府内部“跨部门协同”或强调不同地区政府协同的“跨域治理”；从多主体角度分析，强调公私协同；从不同层次角度分析，如聚焦地理空间的“跨域”，关注内部主体之间展开的协同过程，或基于组织的“跨域”，关注组织中行动者间的协同。

（二）治理

“治理”（governance）概念在20世纪80年代被首次提出，是公共管理的核心范畴之一。治理理论创始人之一的罗西瑙（2001）认为，治理既包括政府机制，又包括非政府机制。库伊曼（Kooiman，

1993)从系统角度研究,认为治理是系统内部多种参与行为主体互动交流形成的一种新的结构布局或秩序状态。治理是一种公共管理活动,与传统的管理不同,本质上治理是一种社会性的分担,以实现公共利益的最大化。目前,关于治理理论的应用覆盖了经济社会各个领域(Gash, 2017),而环境治理的应用更加强调不同利益相关者利用监管、组织和机制影响环境管理的行动和结果(May, 2016)。

(三)区域大气污染协同治理

协同治理、协商治理、协作治理是一组相近的概念,反映的是公共政策过程的不同演化阶段(颜佳华,等,2015)。协同治理同时具备了协商治理与协作治理的优势:一方面,最大限度满足所有利益相关者的利益和愿望;另一方面,通过通力合作和共同行动,保证整个系统的稳定有序而实现整体增值,是对传统治理范式的发展。

表 2-1 协同治理与相近概念的比较

	协商治理	协作治理	协同治理
治理主体	都强调多元化主体,政府、企业以及第三部门等治理主体的相互弥补		
治理方式	公民参与决策	权力与资源的共享	通力合作和共同行动
治理机制	风险沟通机制与利益兼顾机制	法律保障机制与监督约束机制	涵盖风险沟通机制、利益兼顾机制、法律保障机制与监督约束机制

资料来源:根据颜佳华等(2015)整理。

"大气污染"是指"大气中污染物质的浓度达到有害程度,以致破坏生态系统和人类正常生存和发展的条件,对人和物造成危害的现象"。"大气污染治理"是根据大气污染特征,以相关法律法规为依据,利用污染防治科学技术,控制大气污染物浓度,改善大气环境质量等。由于空间溢出效应，相较于水污染治理，大气污染治理更需要属地治理和区域协同治理相结合，治理主体更需要强调地方政府间的协调联动。“区域大气污染协同治理”是按照行政区划采取行动，各区划行政主体除了负责各所辖地区内部的大气污染治理事项之外，需要在组织框架下，与其他行政主体共同治理大气污染。由于大气污染治理效果与治理行为的绩效可测量性较差，各参与主体责任不易明确，地方政府更容易参与正式合作程度较低的更为松散灵活的考察活动（锁利铭，等，2020）。我国区域大气污染协同治理实践取得积极成果，但协同治理过程中仍面临协同约束力和动力瓶颈问题，因此，需要深入研究区域大气污染协同治理结构和机制，以实现提升区域协同治理水平和改善大气环境质量的目标。

二、区域大气污染协同治理理论基础

关于区域大气污染协同治理，其中代表性的理论包括协同治理理论、多中心治理理论、整体政府理论、区域协调发展理论等，梳理相关理论，有利于为我国解决区域大气污染问题，深入推进区域大气污染协同治理提供理论依据和支撑。

（一）协同治理理论

在协同理论和治理理论两种理论基础上，协同治理理论逐渐发展起来，形成区别于协同与治理两者的理论范式。协同治理发端于西方，研究分散于多个学科，涉及政治学、公共管理学、经济学等。协同治理是协调利益冲突与展开合作的连续过程（于文轩，2020），在开放、动态的整体系统下，突出多元参与主体的平等性。罗杰（Roger，2003）认为协同治理关系结构可以分为两种类型：水平/非等级关系和垂直/层级式关系。水平关系中，各参与方以追求共识为原则，直接参加决策与行动;垂直关系中,非直接参与且强势的一方可以控制其他参与者。在治理实践中,治理主体间垂直层级关系结构趋于扁平化(田玉麒,2017)。协同治理理论阐述了不同层级或同一层级内部的协调,可以考虑采取中央政府、地方各级政府、企业、社会等多主体联动的运作模式:首先,评估中央政府和地区政府之间的合作与交流,以掌握宏观目标和统一规划;其次,地方政府应积极合作,相互协调;最后,需要企业、非营利组织、公民和其他社会力量的充分参与,建立共同治理环境的协同治理模式,以实现环境治理的最大效果(Meng et al., 2021)。因此,协同治理是一种通过横向和纵向协调实现预期利益的政府治理模式(Pollitt, 2003)。(见图 2-4)

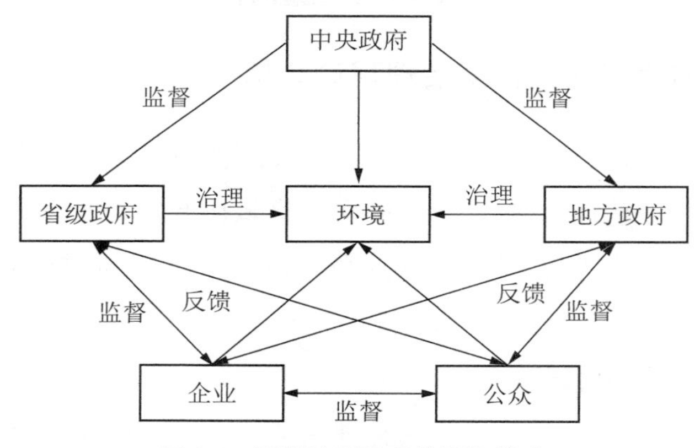

图 2-4 环境协同治理的运作模式

资料来源:Meng et al. (2021)。

(二) 多中心治理理论

以埃莉诺·奥斯特罗姆(Elinor Ostrom)为代表的制度学派,提出了多中心治理理论(埃莉诺·奥斯特罗姆,2000),多中心治理的特征是不同规模的多个管理主体,多中心体系中的每个主体都具有相当大的独立性，在特定领域（如公司、地方政府、国家政府或国际政权）内制定规范和规则。多中心治理具有相当大的优势，因为其具有相互监督、学习和适应更好战略的机制。因此，建立自我组织的多中心体制是必要的（Ostrom，2010）。多中心体系往往会提高创新、学习、适应、可信度、参与者的合作水平，并在多个层面上实现更有效、公平和可持续的成果（Toonen，2010）。多中心治理与单中心权威思维相对立，强调多元主体与多元治理手段，该理论运用在现实中，打破了传统以政府为中心的单一治理模式。在环境治理方面，我国从强调政府为主体的单一治理行为逐渐发展到政府与市场相结合的治理行为，近年来，有更多学者建议构建由政府、企业、公共机构、公众等多元主体参与的协同治理模式，如汪泽波等提出了“四中心”多元主体参与的治理模式（2016）。针对治理主体较为单一、权力运行较为单一的区域，构建多元主体参与的多中心治理模式是促进区域资源高效开发利用的方案（郑建明，等，2019）。

（三）整体政府理论

20 世纪 80 年代以来，跨界公共事务日益复杂化，许多跨界公共问题需要跨越政府和社会之间、政府与政府之间、政府内部各部门之间的边界，才能得到有效治理和解决（王敬波，2020）。但不同区域、不同政府部门间在利益、目标和工作方式等方面存在差异，受此影响，府际合作效果难以实现理想目标。因此，20 世纪 90 年代中后期，英国、澳大利亚、新西兰、加拿大、美国等推行了政府改革运动，倡导整体性政府管理和多主体协同参与。英、美、德将整体政府理论运用在环境治理上，建立了跨地域的环境治理机构以加强和强调核心机构的作用。整体政府理论的核心议题在于摆脱“碎片化政府”所引发的合作困境，推动实现政府整体性运作的一系列措施（余晓，等，2022）；

强调协调和整合以实现目标职能和权力的统一，强调不同层级政府、多方主体的协作管理，有助于以一种多层次、立体化的维度实现区域环境协同治理（于文轩，2020）。整体政府以各种协同方式为基本工具手段，实现权力协调、资源依赖、责任共享，最终形成以协作、整合为基本特征的跨区域或跨部门的协同治理模式（曾维和，2012）。根据整体政府理论，区域环境协同治理须在有效制度规范下，强调不同层次间的有效合作，政府行为须得到肯定（杨华锋，2013）。因此，整体政府理论可以为区域大气污染协同治理结构的研究提供指导。

（四）区域协调发展理论

区域协调发展是我国为了解决区域层面上发展不平衡不充分问题而提出的空间发展战略。基于不同的学科理论视角，区域协调发展理论表现出多元化的研究方向和研究范式。

从基于比较优势的区域分工理论角度来看，区域协调发展的基本路径是区域分工和协作。所谓的区域分工实际上是劳动分工和部门分工在空间上的具体表征，生产要素的空间分布是区域空间格局形成的基础，而要素的空间转移和互动则是驱动区域协调发展的机制。早期研究大多从要素投入视角出发，发现要素投入差异和地区发展差距是双向相关的。近年来，越来越多的学者开始关注区域间功能专业性和互补性对区域协调发展的影响。区域协调发展的实现有赖于功能互补的区域关系的构建，以及专业化分工和生产要素自由流动的实现。

从基于增长的发展经济学角度来看，区域协调发展的最终状态和结果是地区内部实现均衡发展。根据发展的最终状态不同，增长理论可分为均衡增长理论和非均衡增长理论两种，其中，非均衡增长理论被认为更符合实际发展状态而逐渐占据主导地位。根据弗农的

“梯度转移理论”，区域发展不平衡实际上是产品生命周期在空间上的具体表现。随着技术发达地区实现更高水平的技术进步，原有技术向技术欠发达地区转移，客观形成的空间技术梯度推动区域差距在技术转移过程中不断缩小，最终实现区域差距的相对均衡。实证研究结果普遍表明区域差距与经济发展水平呈现倒U形关系，区域收敛和发散理论则将这种区域相对均衡的状态称为条件收敛（β收敛），考虑到地区生产要素初始水平各有不同，因此区域协调发展并非追求绝对均等，而是要将区域发展差距控制在合理区间，保持收敛趋势。

从基于集聚的空间经济学角度来看，空间距离等地理因素通过影响区域间要素流动效率，塑造着不同的区域空间形态。在规模经济、外部性和集聚的综合作用下，区域空间格局呈现“核心-边缘”形态和“分散—集聚—再扩散”的演变规律。集聚的规模效应使得优势地区迅速发展为区域发展的“增长极”，并对周围地区产生虹吸作用，导致区域差距不断拉大。同时，“增长极”的知识、技术等要素也会向周围地区溢出，进而拉动周边地区发展。不过，高铁的开通、互联网的时空压缩特性和新经济的催化作用，改变了传统要素区域流动的形态和速度，区域空间格局呈现网络化的倾向，城市群、都市圈等相继出现推动区域一体化发展的趋势。

从基于关系的新区域主义角度来看，区域经济发展差距并不会消失，区域个性会进一步崛起和凸显。同时，区域内存在“非贸易相互依存性”，包括习惯、合约、信任在内的非正式制度会构成区域专用关系资产。因此，区域内应发展“合作经济”，通过“弹性专业化”生产和“学习型”创新环境实现深度一体化，利用区域协作对抗区域分异，以促进区域协调发展。

上述理论都强调多元主体的参与，但参与主体地位有所差异，治理的形成机制也有所不同，在研究上也各有侧重。协同治理理论强调参与主体的平等性以及治理边界的开放性，突出内部力量的合作动力，协同治理不仅强调多元主体的参与，还强调主体间的联合作用；多中心治理理论更强调政府在合作参与中的主导作用，主体间地位不平等且易受政策、制度等外部动力影响；整体政府理论以政府改革为出发点，强调治理层次的多维度，倡导整体性的政府管理和纵横协作；区域协调发展理论聚焦研究区域关系，发展的趋势之一是强调区域治理模式向多元化、网络化转变。

三、区域大气污染协同治理模式比较

区域大气污染协同治理是为破解区域性大气污染问题而实施的治理措施，在不同的治理理论和治理范式指导下，区域大气污染协同治理在实践中表现出多种治理模式，以满足不同区域和不同治理条件下的大气污染治理需求。

区域大气污染协同治理的关键是区域之间的协调和合作，通过区域协同治理，统筹协调区域之间的资源配置与要素流动，实现其协同运转和配置效率最大化，因此，区域大气污染协同治理是跨区域协同治理的重要表现形式之一。跨区域协同治理经历了传统区域主义、公共选择理论和新区域主义三次范式转换（曹海军，等，2013），三种范式的核心要素已不同程度地融入各类区域协同治理机制之中，形成了表现形式多样的区域协同治理模式（见表 2-2）。

与跨区域协同治理的三次范式转换相对应的跨界环境治理呈现出三种模式：府际合作模式、市场调节模式和网络治理模式（汪伟全，2014）。其中府际合作模式以行政命令为背景，侧重于采取行政手段

表 2-2　跨区域协同治理范式转换

研究范式	主要特征
传统区域主义	以行政命令为手段，倡导设立"巨型政府"，形成一种集权化的层级式治理模式，优化区域性公共产品供给
公共选择理论	以市场机制为手段，通过市场供给区域性公共产品，区域内的公共部门、私人部门、社会团体等相互竞争，提高资源利用效率
新区域主义	建立综合性网络合作体系，强调多层次、多主体间的合作协议，构建区域治理网络

推进环境协同治理，治理主体主要为不同层级的区域政府部门；市场调节模式以市场化机制为背景，侧重于采取市场机制手段推进环境协同治理；网络治理模式以构建网络化的治理结构为背景，侧重于培育信任机制与协调机制，推动政府、市场、公众等多元主体参与。

表 2-3　环境污染跨界治理模式与治理工具

治理模式	治理工具	主要特征
府际合作	建设价值	以区域各级政府部门为主体，以行政控制为手段治理区域环境问题
	共同目标	
	完善合作的法制体系	
	沟通与交流、谈判	
	签署治污合作协议	
市场调节	联合管制产权市场	市场化手段治理区域环境问题
	征税	
	区际生态补偿	
网络治理	信任培育	构建政府、市场、公众等多元主体参与的网络化治理结构
	多中心治理	
	沟通与协调	
	组织形式的网络化	

资料来源：汪伟全(2014)。

由于自然条件、历史传统、制度背景的差异，环境治理模式包括中央政府主导、市场主导和协同治理模式三种类型（Meng et al.，2021）。中央政府主导和市场主导的模式都有其局限性，只适用于某些特定区域或治理条件，与中央政府主导和市场主导的治理模式相比，协同治理模式的特点是交易成本中等，管理成本中等，资源配置高效，强调效率、代表性、实体权利、平等保护和公平。

表 2-4 环境治理模式比较

类型	中央政府主导	市场主导	协同治理
治理主体	中央政府是主要参与者，地方政府是次要参与者	政府指导，企业参与	在中央政府指导下，以地方政府为重点，社会力量参与其中
治理方式	行政命令	市场交易	协调
决策机制	高度集中	谈判	共同决策
交易成本	低	高	中
管理成本	高	低	中
资源配置效率	较高	低	高

资料来源：Meng et al.（2021）。

第三节 “纵向-横向”双重视角下大气污染协同治理框架

区域大气污染协同治理作为一项涉及多元主体的行动，权力的运行贯穿始终，从权力运行的向度来看，区域大气污染协同治理包含着纵向治理机制和横向治理机制两种运行机制。纵向和横向只是区域治理中权力作用的两个方向，两者并不矛盾对立，纵横治理机制的互补性决定了区域大气环境治理并非在纵横两种机制中做出取舍，而是将两者融会贯通，以更好地破解一系列治理难题（熊烨，2017）。本书基于对纵向协同以及横向协同的区域大气环境协同治理机制的分析，构建“纵向-横向”双重视角的区域大气环境协同治理框架，探讨“纵向-横向”双重视角下协同治理结构及运行机制。

一、基于纵向协同的区域大气污染协同治理机制

纵向协同治理是一种垂直型跨组织合作治理，纵向治理机制由科层制主导，在治理主体间无法或者没有足够动机达成自发协作的情况下，中央或上级政府可以通过立法、行政等手段进行纵向干预，以实现特定的治理目标（孙敏杰，2017）。

（一）区域大气污染纵向协同治理结构主体特征

协同治理是政府、企业、社会组织和公众等多元主体的共治，需要强有力的权力贯通来避免不同主体间协商的不协调与不平衡，因此要更加强调政府的主导作用（胡晓宇，2019）。纵向协同治理机制是一种具有金字塔式垂直控制的分层次治理结构，自上而下的理念规划层、基本制度层和操作实施层是分析纵向协同治理机制的有效框架（杨立华，等，2018）。纵向协同一般指不同层级政府主体间的协同，同时可以根据国家层面的决策建立纵向协同机制的组织机构，如2013年在党中央、国务院领导下成立的京津冀及周边地区大气污染防治协作小组，形成了不同层级政府与企业、社会组织及公众等治理主体之间的纵向关系。

从纵向府际关系来看，从中央到各级地方政府中的任何两级都存在这种纵向关系，这种关系决定了整个国家政府主体间的权力与责任（林尚立，1998）。不同层级的政府主体既是领导者也是执行者，

一般来说，中央政府作为领导者，为地方政府的大气污染协同治理提供政策依据，确定治理的目标和方向，为各地方政府主体间的密切合作提供坚实后盾，推进区域间的协同治理行动。地方政府作为执行者，负责落实高层级政府主体的政策目标，将其转化为现实效能。

(二) 区域大气污染纵向协同治理的优劣势

在区域大气污染纵向协同治理中，中央政府能为地方政府、社会组织及公众的协同提供顶层规划方案，设立统一的协作流程和标准，并提供必要的信息、资源和技术支持，有效强化各主体间的协作动机，降低合作风险(Taylor et al., 2005)。若参与者之间出现分歧，上级政府可以对地方政府主体进行责任分配，有利于明确大气污染协同治理中目标任务的划分与考核。研究表明，即使地方政府间存在利益冲突或权力不对等，中央政府依然能够通过政策要求等方式迅速构建地方协作机制，并利用其合法性压力和特殊信任机制，促进区域间的合作(王路昊，等，2019)。

纵向协同治理也面临相应的挑战，上级行政主体对治理参与者治理范围、利益分配做出明确限定，虽然一定程度上提升了治理效率，但是也会限制其他治理主体制定与实现大气污染治理目标的自主性，相关治理主体没有足够的自主权推进协同治理，最终可能会导致环保规划、环境监测和监督进程实现不了预期目标等问题(柴发合，等，2013)。同时，多层级的大气污染协同治理结构容易出现信息传递失真以及“上有政策下有对策”的不良现象，导致各治理主体间协作不力。部分政府忽视企业、社会组织和公众这些非政府力量在大气环境治理中的重要性，如果过度依赖科层治理模式，没有充分发挥企业、社会组织、公众参与治理的作用，也可能会造成社会治理主体的治理、监督以及反馈等作用难以得到有效发挥(曹一丹，2020)。

因此，由于纵向介入、制度规则等方面存在的不足，大气污染协同治理中纵向介入的作用发挥尚未达到理想状态。

二、基于横向协同的区域大气污染协同治理机制

横向协同治理机制以主体间的信任与合作为基础，区别于传统科层制为主导的决策过程，强调多元主体间的互融互通，遵循协商与共识的合作原则，在良性的协同治理系统基础上实现各个治理主体的共同利益诉求（朱德庆，2014）。

（一）区域大气污染横向协同治理结构主体特征

不存在行政隶属关系的基层政府、管理部门之间表现为横向协同关系，横向协同治理是一种扁平化的治理结构，处于同一行政层级的地方政府主体开展跨地区、跨部门的合作，成为区域大气污染治理中常见的合作形式。从区域环境整体性保护需要的角度出发，区域间的联合防控机制在大气污染协同治理中发挥着重要作用。现代治理理论认为治理是政府、企业、社会团体和个人等多元主体共同处理公共事务的行动，各子系统间相互影响、相互作用，在此过程中，各主体之间是平等的关系，体现为大气污染协同治理中通过协商、协作实现大气环境质量的提升。

除了中央、地方政府间存在的纵向府际关系之外，同级政府间的横向府际关系在协同环境治理中发挥着不可替代的作用，其间的利益关联决定了各政府在权力、政策实施等方面的关系（谢庆奎，2000）。由于地方政府更了解本地区的大气环境实际状况以及资源状况，地方政府的分权治理绩效在一定程度上会好于中央政府的集权治理绩效（Andersson et al.，2006）。此外，区域地方政府需要构建合作机制，在兼顾区域整体利益的前提下，协同制定治理方案、污

染物排放标准，优化能源结构和产业结构，全面推进大气污染的协同治理。因此，大气污染高效治理需要形成合作共赢的伙伴型政府关系，共同实现集体行动目标（郭施宏，等，2016）。

发挥政府、市场和社会的共同力量来应对社会公共事务是协同治理的重要思路。多元主体可以在大气污染治理过程中发挥各自的资源优势，积极参与大气污染协同治理，产生“1＋1＞2”的效果，从而更有利于目标的实现（郑巧，等，2008）。政府应表现为“服务型政府”，对其他治理主体提供帮助，如对环保企业进行政策倾斜，为非政府环保组织和公众提供交流反馈平台。企业作为大气污染物的主要排放主体，应自主遵守大气污染治理的规定，主动承担减排责任，并自觉接受社会各界监督，同时推进绿色转型，为大气环境协同治理提供动力。社会组织可以在政策制定过程中发挥参与作用，促进管理部门做出科学决策，还能基于其调查和研究及时应对大气污染问题，与政府和企业的治理行为互为补充（冯杨，2021）。公众在自觉遵守各项法律法规的前提下，能够在政府、企业、社会组织搭建的平台上，积极参与大气环境保护事务，此外，公民个人可以更加自主地在大气污染治理中发挥监督作用。

（二）区域大气污染横向协同治理的优劣势

区域大气污染横向协同治理，有助于采取更加契合当地大气环境污染特点的治理手段，建立一种地方治理主体间平等对话、资源互动、合作管理的横向协同治理模式，有效整合资源，发挥各类治理主体在不同领域中的优势作用，共同促进区域大气污染治理目标的实现。这不仅能最大限度地维护公共利益，也将使大气污染治理政策措施的执行更有效率，形成政府主导、市场调节、信息分享和沟通协调、社会组织和公众监督的全民参与的良性循环，有利于提升公共事务、公共决策的公平性与科学性，激发各利益相关者齐力执行落实大气污染治理政策的积极性。

大气污染治理过程具有复杂性，在治理主体为横向协同治理关系的条件下，如果缺少具体统一的行动分工部署，很大程度上会出现大气污染治理目标模糊，职能重叠、职责不清等问题。由于治理主体间没有隶属关系，同时大气环境治理存在公共性、外部性特点，因此参与主体都有“搭便车”倾向，致使治理陷入“囚徒困境”（杨骞，等，2016），进而难以实现整体利益的最大化。

三、“纵向-横向”双重视角下的区域大气污染协同治理机制

区域大气污染协同治理既要强化纵向协同治理结构，解决跨界大气污染治理的“碎片化”问题，增强治理措施的权威性和治理导向的公益性；又要强化横向协同治理结构，塑造多元治理主体的协商和协作关系，提升地方参与大气污染协同治理的积极性和政策措施落地的有效性。因此，推进区域大气污染协同治理，需要采取一种纵横交叉的协同治理模式，通过不同权力运行方向的协同形成互补，构建更全面、更有凝聚力的协同治理机制。

（一）治理结构

区域大气污染协同治理是一项跨行政区域边界的、多元主体参与的集体行动。横向协同治理与纵向协同治理的根本区别在于权力的传导机制不同。权力的外在形式体现为制度约束的命令与规制或协商与协作。表2-5总结了纵向与横向结构特点的区别。纵向协同治理结构突出权力自上而下的传导机制，具有较强的行政权威性，通过政策颁布等命令控制型手段的过程化运行，在大气污染协同治理上具有立竿见影的效果，但这种权威式的管理具有较强的运动式特

征。横向协同治理结构突出合作主体的地位平等性，是基于自身利益诉求和信任的协作方式，通常以联席会议或协作机构形式展开合作，合作灵活高效，但由于权威力量不足，合作缺乏长期约束与有效监督。

表 2-5　大气污染协同治理纵横结构特征比较

结构特征	纵向结构	横向结构
权力导向	自上而下	水平
主导力量	行政权威	资源依赖与信任
治理方式	命令控制	联席会议、协作机构
治理机制	问责机制、约束机制	风险沟通机制、利益协调机制
优点	约束力与短期效益	活力与长效
缺陷	运动式	合作松散

不同区域的大气污染协同治理，一般表现出以下特征：在纵向或横向的某一方面的协同治理往往网络连接相对较强，自下而上自发形成的协同治理往往横向协同治理关系较紧密，高层级政府自上而下推动的协同治理往往纵向协同治理关系较紧密。但随着时间推移，为了适应大气污染协同治理需求，权力传导机制需根据治理需求进行调整。而“纵向-横向”两种治理结构的互补性，决定了区域大气污染协同治理应导向“强纵向-强横向”耦合形成的治理结构。通过完善的正式规则、制度规范、有效的执行力，打破部门壁垒，有效整合政府部门资源进行集体行动，与此同时，对污染企业的失范行为产生极强的约束力（熊烨，2017）。当区域大气污染协同治理在纵向和横向都能够获取足够的资源支撑时，“纵向-横向”治理网络能够互动并形成良性反馈状态，区域大气污染协同治理变得相对稳定。

（二）运行机制

良好的运行机制保障是区域大气污染协同治理取得良好成效的前提，基于“纵向-横向”双重视角，通过制度保障机制、组织管理机制、利益协调机制、信息共享机制，共同推进区域大气环境治理的科学性、制度性和长效性。

1. 制度保障机制

健全的制度保障体系是区域大气污染协同治理的基础和后盾。从纵向协同治理视角来看，应给予地方政府更多的自主权，使之在遵守国家法律法规的前提下，能够结合各自区域的实际大气环境状况，因地制宜地设立法律法规。从横向协同治理视角来看，将地方政府的横向合作纳入法律法规，既可以避免地方保护主义，又可以充分整合污染治理资源，提高协同治理效率。制度的有效运行还需要完善的监督机制，以政策法规为依据，同时发挥社会组织、民众等社会监督力量，对区域内各类主体的治理行为进行排查和监督。

2. 组织管理机制

区域大气污染协同治理需建立一个有机结合多元治理主体的组织管理机制，推动落实各项污染治理政策的实施。要解决属地化管理现象问题，建立跨区域跨部门的联合协作组织，统一区域大气环境质量、执法、监测等顶层标准设计。在此基础上，各地区自上而下分配政策任务并设计政策目标和行动方案，层层传导，形成横向协调一致、纵向贯通到底的工作合力，以推动政策的有效落实（毛春梅，等，2016）。同时加强协同治理主体多元化建设，将社会组织吸纳进来，发挥其在资金、人才、信息技术等方面所能提供的资源优势，并确保公民个人的共治共享权益。

3. 利益协调机制

利益关系表现为纵、横两个层面,是主体关系中最基本也是最深层次的关系,有效的利益协调机制有助于维护大气污染协同治理的公平性。纵横交叉的公共财政转移体系是协调主体间利益冲突的重要手段:纵向转移支付能协调中央政府与地方政府之间财权与事权不对等的矛盾,横向转移支付能有针对性地直接进行横向政府间的利益补偿,调动地方政府的治理积极性。同时要强化生态补偿,对企业进行激励性生态补偿有利于鼓励其减排行为,对公众进行的利益补偿有利于平息周边居民的利益冲突,增强对企业的监督动力(赵新峰,等,2019)。

4. 信息共享机制

大气污染区域协同治理是一个跨域问题,需要充分发挥信息化手段的作用,建立信息共享机制,及时披露和公开信息以保证协同的及时和有效。首先,要建立统一的信息沟通平台,消除信息鸿沟,确保信息在各主体间畅通无阻地流动。同时应尽快统一区域大气污染治理的相关规范标准,建立完备的区域大气环境信息监测网络和技术体系,提高区域内大气环境信息的统一性和真实性(毛春梅,等,2016)。其次,要扩大大气环境信息发布的内容范围,完善信息发布渠道,最大程度保证社会主体的知情权,同时为其提供反馈渠道。

第三章 长三角区域大气污染现状及空间关联特征

党的二十大报告指出，要促进区域协调发展，以城市群、都市圈为依托构建大中小城市协调发展格局，为新形势下促进区域协调发展提供了根本遵循。在促进区域协调发展的背景下，推动区域环境协同治理，完善跨区域联防联控机制，将是“十四五”区域高质量发展的重要内容。大气污染具有整体性、跨区域性、复合性等特点，使区域协同治理成为大气污染治理的主要模式（李倩，等，2022）。自2013年我国发生多次区域性大面积严重灰霾污染事件以来，党中央、国务院高度重视区域大气污染防治工作，构建并不断完善京津冀、长三角等重点区域大气污染联防联控协作机制，重点区域空气质量得到显著改善。然而，在 $PM_{2.5}$ 治理取得显著成效的同时，臭氧（O_3）已取代 $PM_{2.5}$ 成为重点区域首要污染物（燕丽，等，2021）。针对大气污染治理面临的新形势、新问题，党的二十大报告强调要加强污染物协同控制，基本消除重污染天气。强化区域多污染物协同控制将是未来开展区域大气污染联防联控的重要举措，因此，分析多污染物浓度空间格局与分布动态对提高区域大气污染协同治理水平具有重要的实践意义。

第一节　长三角区域大气污染的空间格局

长三角是我国复合型大气污染最严重的地区之一，自2014年长三角区域启动大气污染防治协作机制以来，区域大气环境质量不断得到改善。但由于长三角各地区处于工业化和城市化发展的不同阶段，长三角区域大气污染存在显著空间分异（石颖颖，等，2018），特别是各地区首要大气污染物差异明显，根据中国环境监测总站污染物平均浓度水平数据，安徽北部、江苏北部首要污染物以$PM_{2.5}$和PM_{10}为主，而江苏南部、浙江南部、上海首要污染物以O_3为主，长三角区域大气污染物分布存在较大空间差异，对实施区域大气污染治理的统一规划、统一标准、统一监测、统一执法形成挑战。在长三角更高质量一体化发展要求下，推进长三角区域大气污染防治协作需要进一步明确不同类型大气污染物的空间集聚和关联特征，为解决以细颗粒物和臭氧为特征污染物的区域性大气污染问题、推进区域大气污染防治精细化和差异化管理提供依据。

一、长三角区域大气污染的空间差距

首先，从环境空气质量综合指数的分布来看，由于各地资源禀赋、区位及发展阶段等存在差异，长三角各地区经济发展结构不同，大气污染水平也不尽相同。样本时间段内，长三角区域环境空气质量表现相对良好，但41个城市间差距较为明显，部分城市指数变化幅度较大。污染程度最重的前十名城市，安徽省占80%，江苏省占

20%；安徽省、江苏省、浙江省的大气污染程度依次减弱，即安徽省大气环境质量相对最差，浙江省大气环境质量相对最优。标准差与变异系数反映出城市污染水平的离散程度，其中阜阳标准差最高，舟山最低，前者是后者的近 3.6 倍。标准差数值超过 1 的有 9 个城市，除徐州、宿迁外均为安徽省所在城市。通过数据研读，发现以上城市不同月份的污染水平变化的季节性特征明显，冬季空气质量较夏季差异显著。

表 3-1　长三角区域环境空气质量综合指数描述性统计

序号	城市	最大值	最小值	平均值	标准差	变异系数
1	徐　州	7.50	2.41	4.77	1.25	0.26
2	淮　北	7.41	2.00	4.45	1.31	0.29
3	淮　南	7.01	2.10	4.36	1.19	0.27
4	阜　阳	7.17	2.14	4.35	1.39	0.32
5	常　州	6.24	2.84	4.34	0.84	0.19
6	蚌　埠	7.00	2.17	4.33	1.13	0.26
7	宿　州	7.08	1.97	4.26	1.23	0.29
8	亳　州	7.33	1.84	4.24	1.35	0.32
9	铜　陵	6.19	2.66	4.20	0.86	0.20
10	马鞍山	6.05	2.77	4.13	0.80	0.19
11	滁　州	6.29	2.45	4.09	0.97	0.24
12	宿　迁	6.53	2.12	4.08	1.03	0.25
13	镇　江	5.78	2.80	4.08	0.74	0.18
14	合　肥	6.04	2.42	4.07	0.86	0.21
15	扬　州	5.87	2.78	4.07	0.80	0.20
16	芜　湖	5.98	2.49	4.05	0.84	0.21
17	无　锡	5.51	2.57	3.97	0.73	0.18
18	南　京	6.01	2.47	3.93	0.81	0.21
19	淮　安	6.08	2.08	3.92	0.92	0.24
20	杭　州	5.53	2.47	3.88	0.70	0.18
21	连云港	6.58	2.03	3.84	0.98	0.25

续表

序号	城市	最大值	最小值	平均值	标准差	变异系数
22	六　安	6.57	1.91	3.83	1.07	0.28
23	泰　州	5.38	2.43	3.81	0.78	0.20
24	苏　州	5.31	2.58	3.76	0.72	0.19
25	湖　州	5.00	2.61	3.73	0.59	0.16
26	安　庆	5.97	2.12	3.73	0.86	0.23
27	池　州	6.25	2.10	3.70	0.92	0.25
28	嘉　兴	5.13	2.50	3.60	0.66	0.18
29	绍　兴	5.54	2.12	3.60	0.76	0.21
30	南　通	5.13	2.45	3.58	0.65	0.18
31	上　海	4.72	2.49	3.54	0.61	0.17
32	金　华	4.87	2.24	3.52	0.67	0.19
33	宣　城	5.54	2.02	3.51	0.82	0.23
34	盐　城	5.30	2.15	3.46	0.83	0.24
35	温　州	4.52	2.46	3.31	0.54	0.16
36	衢　州	4.49	2.19	3.30	0.56	0.17
37	宁　波	4.92	1.93	3.29	0.66	0.20
38	台　州	4.01	1.91	2.89	0.53	0.18
39	丽　水	3.69	1.77	2.69	0.54	0.20
40	黄　山	3.77	1.30	2.50	0.58	0.23
41	舟　山	3.26	1.63	2.41	0.39	0.16

其次，从不同类型大气污染物分布情况来看，空间上呈“北高南低”分布特征。长三角区域北部城市大气污染最为严重，皖南、苏南和浙江城市大气污染相对较轻。不同省市大气污染防治的首要任务不同，$PM_{2.5}$、PM_{10}平均浓度高的城市主要分布在皖北和苏北地区，安徽省除 O_3 外，其余污染物防治任务相对较为严峻，江苏省 O_3 污染问题相对突出，浙江省 NO_2、O_3 污染程度相对较大，上海市受 NO_2 污染的困扰相对较大。

表 3-2 不同类型大气污染物平均浓度(前十位城市)

序号	$PM_{2.5}$($\mu g/m^3$)		PM_{10}($\mu g/m^3$)		SO_2($\mu g/m^3$)		NO_2($\mu g/m^3$)		CO(mg/m^3)		O_3($\mu g/m^3$)	
1	徐州	48.20	徐州	84.43	铜陵	12.66	合肥	37.34	马鞍山	1.22	常州	152.46
2	淮北	48.09	淮北	78.75	蚌埠	12.41	常州	37.32	铜陵	1.13	湖州	150.39
3	阜阳	47.95	亳州	78.52	马鞍山	10.59	杭州	36.59	芜湖	1.11	镇江	149.82
4	淮南	47.14	淮南	77.73	徐州	10.52	上海	35.63	无锡	1.10	扬州	149.07
5	亳州	46.34	阜阳	77.57	淮南	10.25	芜湖	35.39	徐州	1.09	无锡	148.41
6	宿州	45.80	宿州	76.39	连云港	10.25	南京	35.05	连云港	1.04	南京	145.79
7	蚌埠	43.21	蚌埠	73.79	常州	9.39	铜陵	34.93	泰州	1.02	苏州	144.89
8	宿迁	42.38	宿迁	68.20	淮北	9.25	苏州	34.80	池州	1.02	嘉兴	144.71
9	淮安	40.07	铜陵	66.64	南通	8.96	湖州	34.59	常州	1.02	宿迁	144.18
10	常州	39.84	六安	65.43	芜湖	8.96	无锡	34.41	淮北	1.01	泰州	143.96

最后，从标准差与变异系数反映的各污染物在不同城市间的离散程度来看，综合指数的标准差相对较低，说明长三角区域间环境空气质量的差距相对不大，各地区面临着共同的大气污染问题和防治压力，开展大气污染区域协同治理的诉求较为一致。但不同类型大气污染物浓度空间分布存在差异，$PM_{2.5}$、PM_{10}、SO_2、NO_2、O_3 的标准差值较大，说明大气污染物存在一定程度的空间非均衡特征，不同地区大气污染防治的首要任务有所不同，给提升区域大气污染协同治理效率带来挑战。

表 3-3　变量的描述性统计

	样本数	最大值	最小值	平均值	标准差	变异系数
综合指数	41	4.77	2.41	3.78	0.51	0.13
$PM_{2.5}$	41	48.2	16.82	35.1	7.69	0.22
PM_{10}	41	84.43	31.71	58.32	12.26	0.21
SO_2	41	12.66	4.79	7.83	1.74	0.22
NO_2	41	37.34	14.63	28.98	5.5	0.19
CO	41	1.22	0.69	0.93	0.11	0.12
O_3	41	152.46	113.95	137.95	8.99	0.07

二、长三角区域大气环境质量分布动态演进

利用高斯核函数测算得到 2022 年环境空气质量综合指数及六类污染物的核密度估计图。其中，环境空气质量综合指数的核密度曲线呈现不显著的双峰分布，而六类污染物均呈现典型的单峰分布。从核密度函数的分布位置看，SO_2 和 PM_{10} 的曲线位置偏左，表明长三角区域整体的 SO_2 和 PM_{10} 污染程度相对较弱；而 $PM_{2.5}$、NO_2、CO、O_3 的曲线位置偏右，表明长三角区域整体的 $PM_{2.5}$、NO_2、CO、O_3 污染较为严重。从主峰分布态势看，CO 的

波峰在六类污染物中最高，表明长三角 CO 污染程度绝对值差异最大；SO_2 的波峰宽度最小，表明长三角 SO_2 污染程度的收敛性最强；而 NO_2 的波峰最低，宽度最大，表明长三角 NO_2 污染程度绝对值差异最小且收敛性最弱。

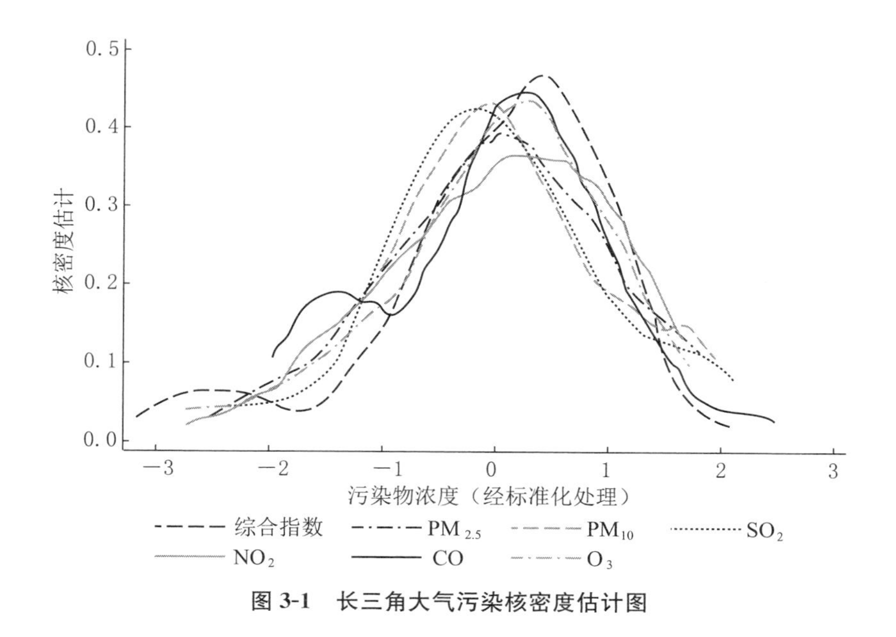

图 3-1　长三角大气污染核密度估计图

基于核密度估计，以 2019—2022 年四年作为观测年份，分析长三角区域环境空气质量综合指数及六类污染物的空间分布动态演进过程。

在观测期内，长三角区域环境空气质量综合指数分布曲线的中心呈明显左移态势，表明长三角区域大气污染程度低的城市逐渐增多而高污染的城市逐渐减少，整体大气质量有较为显著的改善；曲线波峰增高，宽度变窄，且左拖尾缩短，表明长三角大气环境质量空间分布差异减小；2019—2021 年曲线均呈现一定程度的双峰分布，

2022 年呈现三峰分布，说明大气污染的分化特征仍然存在且略有加强。

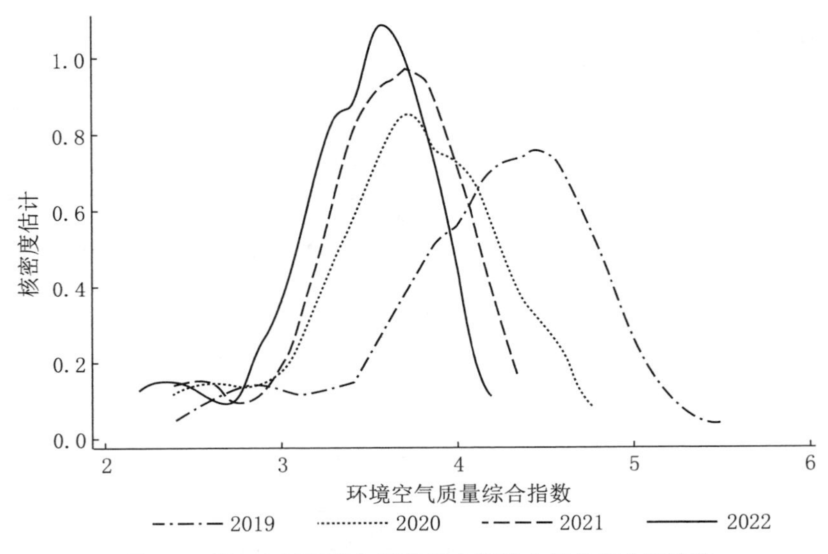

图 3-2　长三角环境空气质量综合指数空间分布动态演进

2019—2022 年，长三角区域 $PM_{2.5}$ 分布曲线的中心整体向左偏移且偏移幅度较大，表明长三角区域 $PM_{2.5}$ 的浓度整体有较大程度降低，但降低速度逐渐减弱；观测期内曲线波峰增高，宽度变窄，左拖尾缩短至接近对称分布，表明长三角 $PM_{2.5}$ 浓度的空间分布差异减小，高 $PM_{2.5}$ 浓度的城市数量逐渐减少。

2019—2022 年，长三角区域 PM_{10} 分布曲线的中心整体大幅向左偏移，表明长三角区域 PM_{10} 浓度整体呈下降趋势；观测期间曲线波峰增高，宽度变窄，拖尾有所缩短，表明长三角 PM_{10} 浓度的空间分布差异减小。

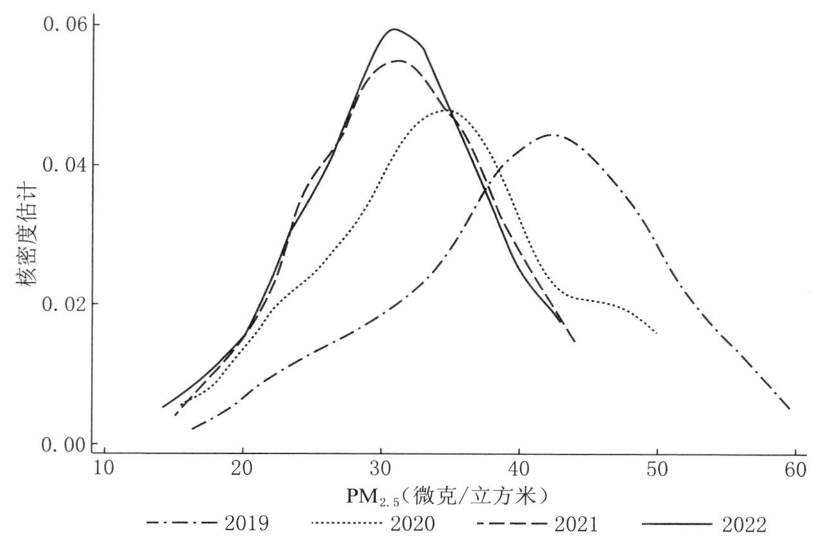

图 3-3　长三角 $PM_{2.5}$ 空间分布动态演进

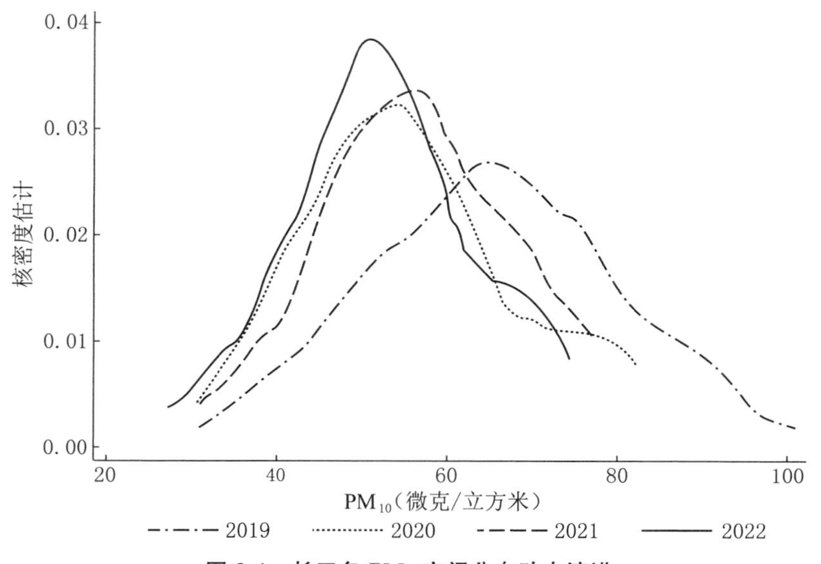

图 3-4　长三角 PM_{10} 空间分布动态演进

在观测期间，长三角区域 SO_2 分布曲线的中心先左移后右移，长三角区域 SO_2 浓度虽整体有所降低但降低幅度不大，且有回升风险；曲线波峰先增高后略降低，宽度变窄，右拖尾大幅缩短，表明长三角 SO_2 浓度的空间分布差异减小，SO_2 浓度值较为极端的城市数量明显减少；2021 年 SO_2 分布曲线右拖尾出现小波峰，表明 2021 年长三角区域 SO_2 浓度的非均衡状况较为严重。

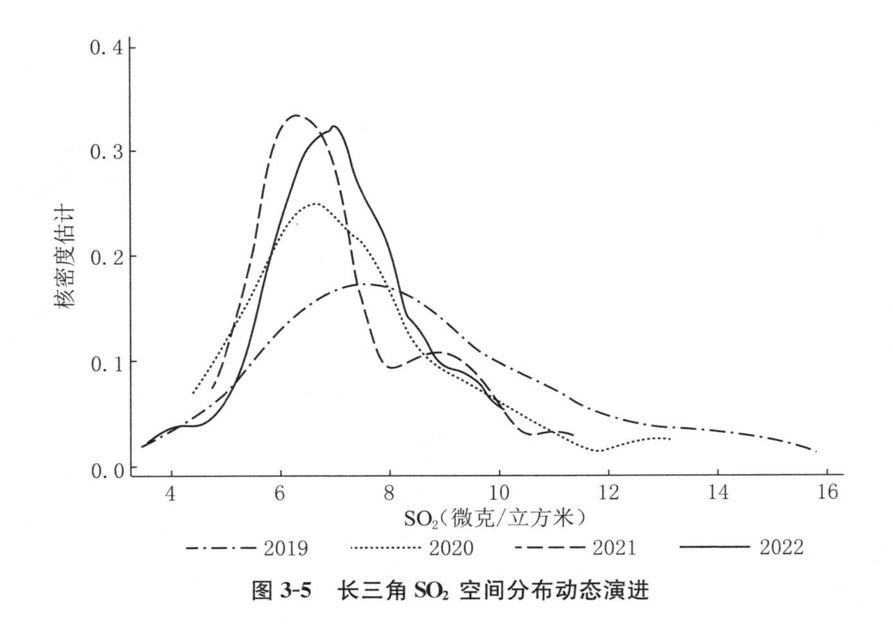

图 3-5　长三角 SO_2 空间分布动态演进

在观测期间，长三角区域 NO_2 分布曲线的中心整体向左移动，表明长三角区域 NO_2 浓度呈下降趋势；曲线波峰于 2022 年大幅增高，宽度变窄，拖尾有较大幅缩短，表明长三角 NO_2 浓度的空间分布差异减小，高 NO_2 浓度的城市数量较为明显地减少；2021 年 NO_2 分布曲线呈现典型的双峰分布，此时长三角区域 NO_2 浓度的两极分化现象明显，2022 年向单峰过渡，表明长三角区域 NO_2 浓度的不均衡程度在减弱,但仍需关注。

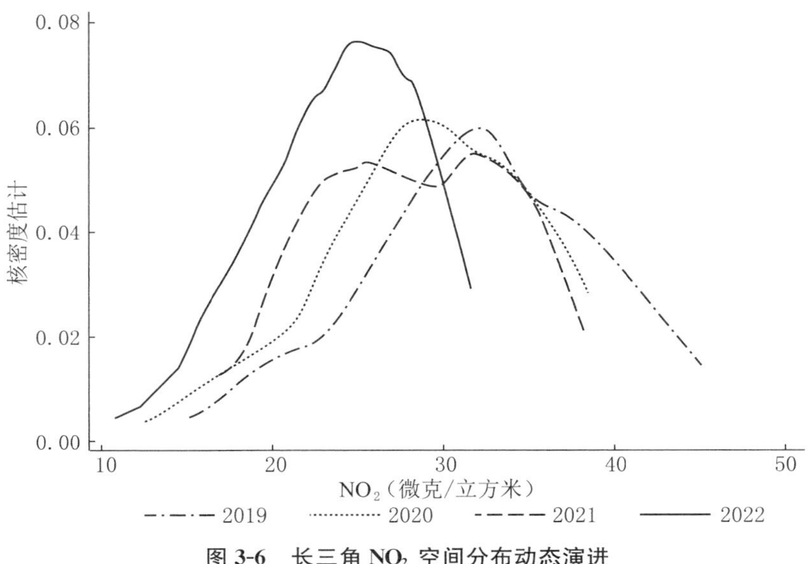

图 3-6　长三角 NO_2 空间分布动态演进

在观测期间,长三角区域CO分布曲线的中心表现为左移,说明长三角区域CO浓度不断降低;曲线波峰先降低再增高再降低,2022年的最终峰值与2019年相比变化不大,宽度先变宽后变窄,整体变化不大,拖尾变化程度也不大,表明长三角CO浓度的空间分布情况虽有波动但大体上较为稳定。

2019—2021年,长三角区域 O_3 分布曲线不断左移,但于2022年出现较大程度右移,虽较2019年 O_3 浓度有所下降,但回升趋势较为明显;曲线波峰整体变化不大,宽度有所收窄,表明长三角区域 O_3 浓度的空间分布差异有所减小;观测期内分布曲线由2019年的双峰分布转变为2022年的单峰分布,说明长三角区域 O_3 浓度的两极分化现象有所改善。

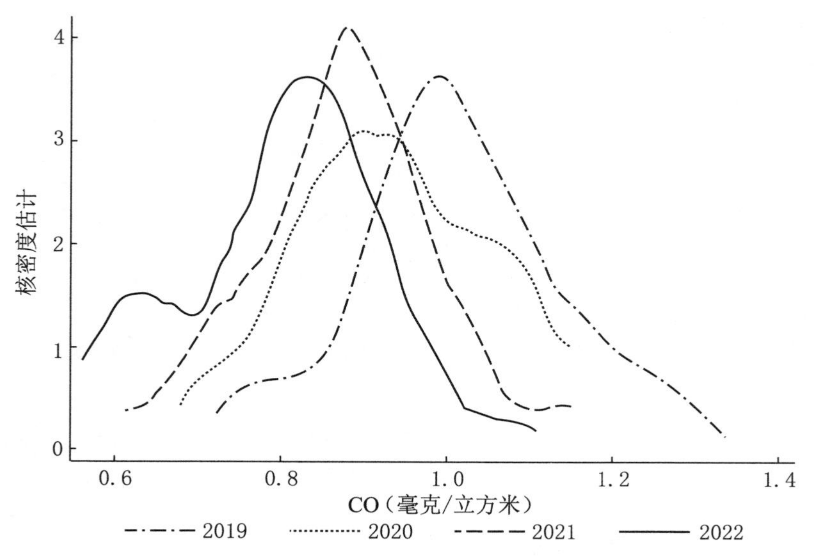

图 3-7　长三角 CO 空间分布动态演进

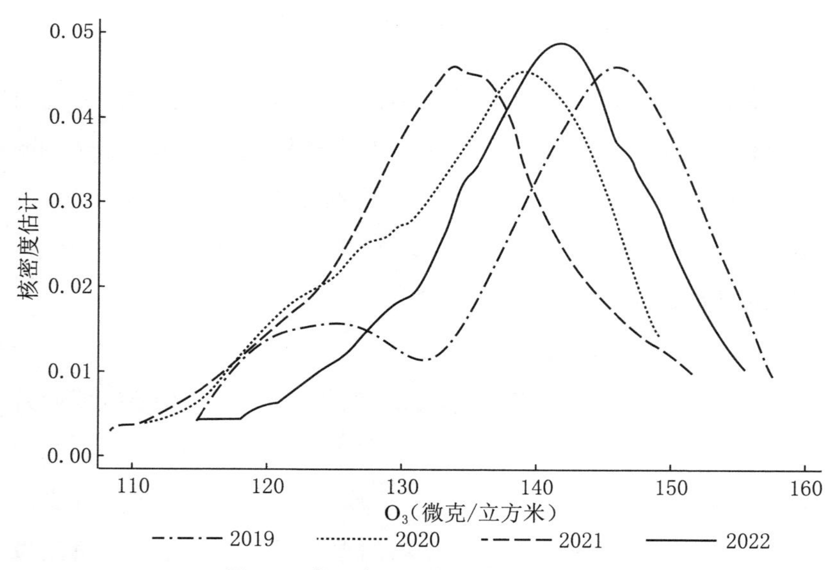

图 3-8　长三角 O_3 空间分布动态演进

综合来看，长三角大气污染的核密度函数曲线整体呈分布中心左移、波峰峰值升高、宽度变窄、拖尾缩短的动态分布特征。可以发现，长三角大气质量状况整体呈现向好趋势，污染物浓度均有不同程度的下降，且大气污染的空间分布差异不断缩小，但也要关注部分污染物浓度的回升风险以及分化现象。

第二节　长三角区域大气污染的空间关联特征

长三角区域大气污染存在较为显著的空间关联性，不同类型污染物的空间自相关显著性均表现出了季度分布差异。长三角大气污染格局呈现出高-高集聚、低-低集聚的态势，不同类型大气污染物的空间关联性存在地区间差异：环境空气质量综合指数、$PM_{2.5}$、PM_{10}的高值聚集区主要分布在皖北和苏北城市；O_3 的高值聚集区主要分布在苏南城市，并存在进一步扩散的风险；NO_2 的高值聚集区主要分布在安徽和江苏的沿江城市，以及浙江沿海的宁波、温州；SO_2 的空间聚集性相对不明显。

一、长三角区域大气污染具有显著空间自相关性

利用 Geoda 软件，通过空间自相关计算得到长三角大气污染物莫兰指数值显示（见表 3-4），全局莫兰指数在[0.123，0.740]区间范围，其中综合指数、$PM_{2.5}$、PM_{10}、O_3、CO 的空间自相关显著性相对较高，SO_2 和 NO_2 空间自相关不显著，说明长期以来实施的脱硫脱硝减排措施取得成效。实证结果反映了长三角区域大气污染存在空间依赖性，大气污染格局在整体上呈现出高-高集聚、低-低集聚的态

势。不同类型污染物显著程度有所差异，综合指数、$PM_{2.5}$、PM_{10}、O_3 的空间自相关显著性相对较强，全局莫兰指数分别为 0.556、0.725、0.740、0.613。CO 的空间自相关显著性相对较弱，全局莫兰指数为 0.311。总体来看，长三角区域大气污染空间相关性主要由 $PM_{2.5}$、PM_{10}、O_3 的空间集聚效应推动，与综合指数的全局莫兰指数较为一致。

表 3-4　综合指数及主要大气污染物空间关联性指数

污染物名称	全局莫兰指数	z-value	p-value
综合指数	0.556	4.752	0.001
$PM_{2.5}$	0.725	5.943	0.001
PM_{10}	0.740	6.030	0.001
SO_2	0.123	1.199	0.128
NO_2	0.156	1.432	0.070
CO	0.311	2.770	0.007
O_3	0.613	5.319	0.001

长三角大气污染格局的时间分布并不均衡，综合指数、$PM_{2.5}$、PM_{10}、O_3 四个指标空间自相关显著性在不同季度差异较大。其中，综合指数在四个季度之间的差距相对较小，但第四季度的空间自相关程度最大，反映出长三角大气环境质量在不同季节的空间自相关性都相对偏高，冬季开展大气污染联防联控的压力相对较大。$PM_{2.5}$在第三季度和第四季度的空间自相关程度相对较大，反映了 $PM_{2.5}$是秋冬季大气污染联防联控的重点对象。PM_{10}在第一季度、第三季度和第四季度的空间自相关程度相对较大，反映了 PM_{10}在大多数时间都需要被列为大气污染联防联控的重点对象。O_3 在第一季度和第二季度的空间自相关程度相对较大，说明 O_3 是春夏季区域大气污染联防联控的重点对象。

表 3-5 综合指数及主要大气污染物空间关联性指数的季度分布

年份	季度	综合指数	$PM_{2.5}$	PM_{10}	O_3
2019	第一季度	0.437***	0.446***	0.634***	0.427***
	第二季度	0.425***	0.223*	0.542***	0.503***
	第三季度	0.460**	0.582***	0.619***	0.397***
	第四季度	0.693***	0.779***	0.724***	0.157*
2020	第一季度	0.398***	0.580***	0.664***	0.449***
	第二季度	0.351***	0.304**	0.345***	0.637***
	第三季度	0.571***	0.716**	0.726***	0.254**
	第四季度	0.717***	0.775***	0.719***	0.116
2021	第一季度	0.358***	0.530***	0.635***	0.603***
	第二季度	0.325***	0.252**	0.426***	0.565***
	第三季度	0.469***	0.693***	0.689***	0.479***
	第四季度	0.550***	0.714***	0.674***	0.169*
2022	第一季度	0.335***	0.483***	0.651***	0.557***
	第二季度	0.250**	0.154*	0.329***	0.498***
	第三季度	0.451***	0.608***	0.681***	0.322**
	第四季度	0.653***	0.723***	0.755***	0.154*

注：*、**、*** 分别表示 $P<0.05$、$P<0.01$、$P<0.001$。

二、长三角区域大气污染具有显著的复合型局部集聚特征

在全局空间自相关分析基础上利用 ArcGIS 软件进一步分析其局部空间自相关集聚特征。从环境空气质量综合指数的局部莫兰指数散点图来看，长三角 41 个城市大多落在第一象限和第三象限，即高-高象限和低-低象限（见图 3-9），长三角区域大气污染空间分布呈现高-高集聚和低-低集聚模式。

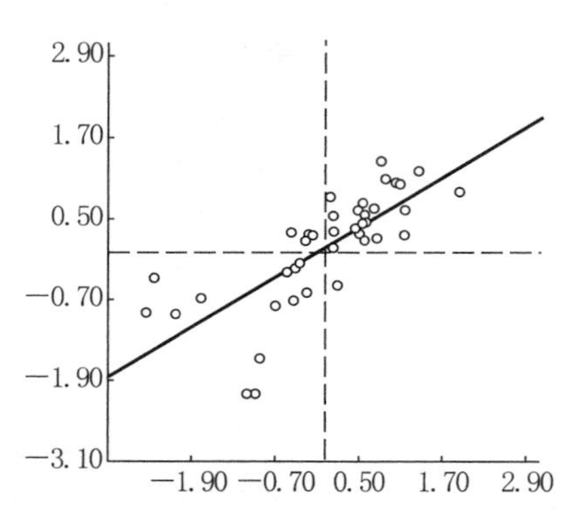

图 3-9 长三角环境空气质量综合指数局部莫兰指数散点图

从不同类型污染物的局部莫兰指数散点图来看，$PM_{2.5}$、PM_{10}、O_3、CO 四类污染物在长三角 41 个城市的空间异质性较为明显，41 个城市大多落在第一象限和第三象限，呈现高-高集聚和低-低集聚模式。SO_2、NO_2 的局部莫兰指数散点图分布相对均匀，四个象限的城市数量没有表现出明显的差别。（见图 3-10）

采用局部莫兰指数散点图和空间联系的局部指标（LISA）进行空间自相关分析，依据不同类型大气污染物空间分布关系将不同类型污染物 LISA 聚类划分为高-高集聚、高-低集聚、低-高集聚和低-

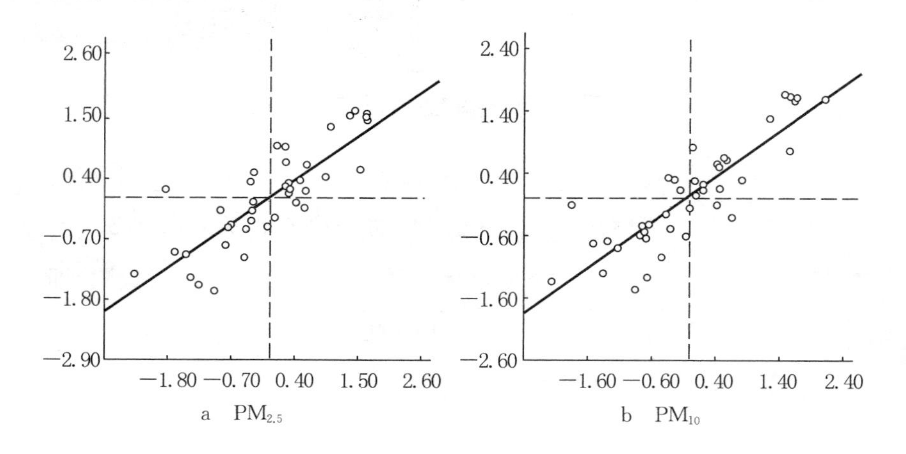

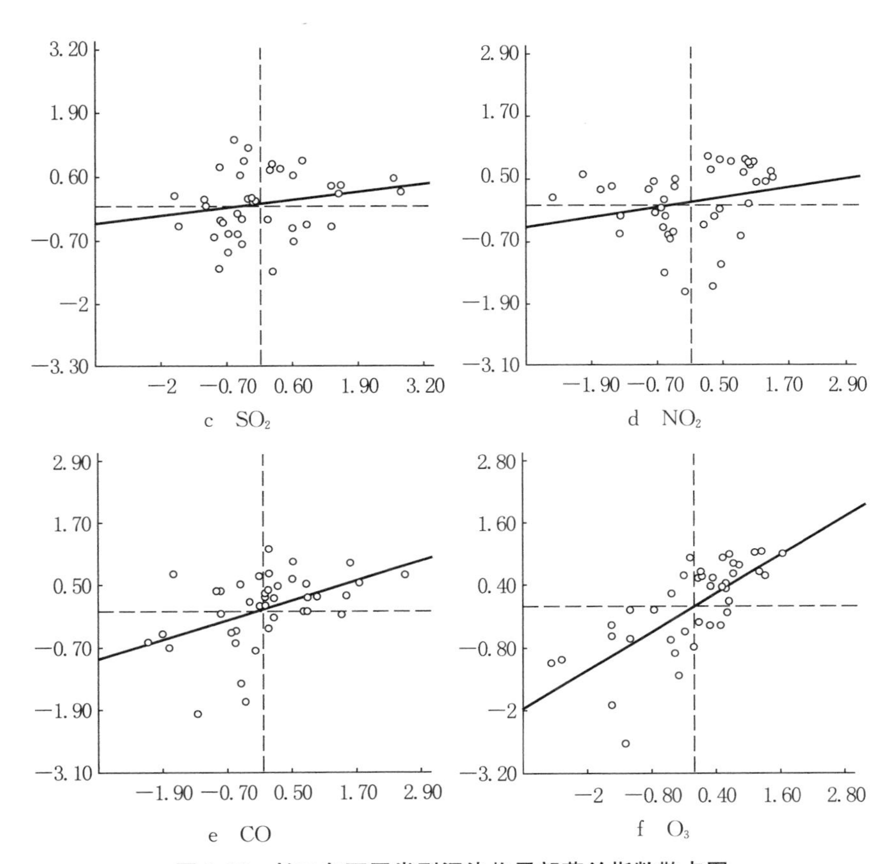

图 3-10　长三角不同类型污染物局部莫兰指数散点图

低集聚 4 个集聚类型区(见表 3-6),从局部莫兰指数所表现出的聚集性来看,长三角地区环境空气质量综合指数及六类污染物多表现为高-高集聚和低-低集聚,反映了高(低)大气环境质量的城市与高(低)大气环境质量的相邻地区并存的现象较为显著。

环境空气质量综合指数表现为高-高集聚和低-低集聚两种集聚类型,高-高集聚主要分布在皖北和苏北城市,低-低集聚主要分布在浙江沿海城市。$PM_{2.5}$、PM_{10} 与环境空气质量综合指数的空间聚集特征类似,说明该两类污染物对长三角大气环境质量有着重要的影

表 3-6　长三角不同类型污染物 LISA 聚类

	高-高集聚	低-高集聚	低-低集聚	高-低集聚
综合指数	亳州、南京、合肥、宿州、徐州、淮北、蚌埠		宁波、温州、绍兴	
$PM_{2.5}$	亳州、宿州、徐州、淮北、蚌埠		丽水、台州、宁波、温州、绍兴	
PM_{10}	宿州、徐州、淮北、蚌埠		宁波、温州、绍兴	
SO_2	淮北	合肥、宿州	温州	宁波
NO_2	南京、嘉兴、常州、无锡、湖州、滁州、芜湖、苏州、马鞍山			宁波、温州
CO	合肥、芜湖、马鞍山		宁波、温州、绍兴	
O_3	南京、嘉兴、常州、扬州、无锡、泰州、湖州、苏州、镇江	淮安	丽水、池州、温州、衢州、铜陵、黄山	

响，但与环境空气质量综合指数相比，高值聚集区有所减少，低值聚集区有所扩大，反映了当前影响长三角大气环境质量的首要污染物更为复杂。SO_2 的空间聚集性相对不明显，虽然四种集聚类型都有涉及，但聚集区涉及范围较小，呈分散态势。NO_2 表现为高-高集聚和高-低集聚两种集聚类型，高值聚集区主要分布在安徽和江苏的沿江城市，以及浙江沿海的宁波、温州。CO、O_3 总体分布特征为“中高南低”，其中苏南城市的 O_3 高-高集聚最为显著，聚集区范围较大，成

为影响区域大气环境质量的首要污染物之一。皖南和浙南城市的O_3低-低集聚较为显著。由于O_3存在低-高集聚情况，O_3污染存在进一步扩散的风险。由此可见，单一指标难以准确反映长三角区域大气污染空间关联特征，区域大气污染协同治理的挑战显著增加。

因此，长三角需要制定区域精细化大气污染治理目标。由于区域内各地区处于相对不同的发展阶段，所面临的大气污染压力、大气污染治理需求以及所具备的大气污染治理能力均有所差异。皖北和苏北城市重点加强$PM_{2.5}$、PM_{10}的协同治理，苏南城市重点加强O_3的协同治理，安徽和江苏的沿江城市重点加强NO_2的协同治理。根据区域经济、社会、自然环境、资源禀赋等领域的现状发展格局，制定合理的大气环境质量协同提升目标。此外，长三角要加强区域$PM_{2.5}$和O_3污染协同治理。在继续强化区域$PM_{2.5}$协同治理的同时，加快补齐长三角区域臭氧污染联防联控短板，进一步健全区域一体化环境监测网络，加强$PM_{2.5}$和O_3协同监测，进一步提升$PM_{2.5}$和O_3污染预测预报能力水平。不断强化长三角区域VOCs和NO_x协同减排水平，加强源头控制，对化学品制造、涂装、工业清洗、印刷、VOCs物质贮存等重点源强化全流程、全环节综合治理，加大低VOCs原辅材料和产品源头替代力度。

第三节　长三角区域大气污染空间分布演化的影响因素

一、影响因素变量选择

本研究共选定2个被解释变量和7个解释变量(见表3-7)。当

表 3-7 变量定性描述

变量类型	指标	具体指标	变量名	单位
被解释变量	$PM_{2.5}$浓度	$PM_{2.5}$年平均浓度	$PM_{2.5}$	微克/立方米
	O_3 浓度	O_3 日最大 8 小时第 90 百分位数	O_3	微克/立方米
解释变量	经济发展	人均 GDP	EG	万元
	产业结构	第二产业增加值占比	IS	%
	人口密度	每平方千米人口数	PD	人/平方千米
	科技进步	科学技术支出占比	TA	%
	交通出行	万人机动车保有量	TC	辆
	城市绿化	建成区绿化覆盖率	GR	%
	城市降水	城市降水量	UP	毫米

前 $PM_{2.5}$与 O_3 成为影响长三角区域大气环境质量的主要污染物，二者协同控制已成为区域打赢蓝天保卫战的关键。因此本书选择$PM_{2.5}$浓度和 O_3 浓度为被解释变量。在参考大气污染影响因素相关研究的基础上，结合数据可获得性，本书选择的解释变量包括经济发展、产业结构、人口密度、科技进步、交通出行、城市绿化和城市降水，具体如下：第一，经济发展。根据环境库兹涅茨曲线，大气污染水平将随着经济发展水平的提高先增后降，呈倒 U 形曲线关系。第二，产业结构。不同产业类型的能源消耗以及污染物排放情况差异较大，产业结构升级会削弱对大气污染的影响。第三，人口密度。人口密度的增加会带来能源消费及生产活动的空间集聚，进而影响资源能源消耗和大气污染物排放。第四，科技进步。科技进步能够提高能源利用效率、生产效率，促进节能环保技术的应用，对减少大气污染有着重要作用。第五，交通出行。机动车尾气排放是城市大气污染的主要来源之一，因此交通出行情况会影响大气污染状况。第六，

城市绿化。城市绿地对大气污染物有净化功能，是城市生态系统发挥减排和增汇功能的重要载体，一定程度上能够缓解大气污染。第七，城市降水。降水对大气污染物具有清除和冲刷作用，并在一定程度上抑制地面扬尘，从而降低大气污染程度。

二、关键影响因素识别

本研究采用空间杜宾模型（SDM）进行回归分析，研究长三角区域大气污染的空间依赖性问题。为了消除异方差，本研究对部分数值较大的变量做取对数处理。由各个变量的描述性统计结果（见表 3-8）可知，数据的平稳性较好，且解释变量的 VIF 值均处于[1.08，4.72]的区间内，说明解释变量之间不存在多重共线性问题。通过拉格朗日乘子（LM）检验、似然比（LR）检验和豪斯曼（Hausman）检验，本研究最终选择个体固定效应 SDM 模型进行 $PM_{2.5}$ 浓度的回归估计，选择双向固定效应 SDM 模型进行 O_3 浓度的回归估计。

表 3-8　指标的描述性统计

变量名	样本数	最大值	最小值	平均值	标准差	VIF
$PM_{2.5}$	205	62.00	14.17	36.25	9.52	—
O_3	205	168.57	93.71	139.61	12.08	—
EG	205	19.84	2.45	9.49	4.13	4.19
IS	205	54.80	25.70	43.17	6.07	1.08
ln PD	205	8.28	4.91	6.39	0.65	2.79
TA	205	144.10	2.65	38.26	26.18	4.72
ln TC	205	8.28	6.88	7.67	0.33	2.68
GR	205	48.57	36.84	43.09	2.27	1.52
ln UP	205	7.83	6.31	7.10	0.34	1.41

经济发展、产业结构、人口密度、城市绿化 4 个因素对 $PM_{2.5}$ 浓度

具有显著影响，其中产业结构与 $PM_{2.5}$ 浓度呈现显著的正相关关系，第二产业会对煤炭、燃油等化石能源产生大规模需求并排放大量工业废气，同时第二产业的发展往往伴随着货运和物流业的发展，交通量的增加也会使得大气中的颗粒物浓度上升。经济发展、人口密度、城市绿化与 $PM_{2.5}$ 浓度呈现显著的负相关关系，长三角区域经过持续转型发展，固定资产投资、引入外资、出口贸易、产业升级等经济活动逐渐减少了对能源消耗的依赖，产生的大气污染物也大大减少。人口密度与区域 $PM_{2.5}$ 浓度的负相关系数最大，人口密度每增加 1％会使 $PM_{2.5}$ 浓度下降 0.43％，说明长三角地区的人口集聚有助于大气环境质量的改善，人口密度的增加能够提高资源、能源和基础设施的利用效率，推进能源利用的集约化和高效化。此外，人口密度的增加可以促使城市进行更有效的规划和管理，有利于在交通、环保等领域节约人均投资，提高运行效益等，有利于治理 $PM_{2.5}$ 污染。城市绿化对 $PM_{2.5}$ 也产生了显著的抑制作用，这是因为城市绿化水平的提升可以通过多种方式减少大气中 $PM_{2.5}$ 含量，如减少地表裸露面积，减少颗粒物来源，吸附和拦截大气中的颗粒物、挥发性有机化合物等污染物，发挥减尘和阻尘作用。

产业结构、城市绿化、城市降水 3 个因素对 O_3 浓度具有显著影响，其中产业结构与 O_3 浓度呈现显著的正相关关系，O_3 是典型的二次污染物，O_3 的前体物主要来自工业源排放，第二产业占比上升，会带来更多的工业源前体污染物排放，进而造成 O_3 浓度的上升。城市绿化、城市降水与 O_3 浓度呈现显著的负相关关系，长三角的城市绿化对臭氧的清除作用大于促进作用，说明城市绿化能减缓空气里的光化学反应速率，从而减少 O_3 等二次污染物的产生。城市降水对 O_3 浓度具有较为明显的抑制作用，因为降水不仅具有冲刷和清洁效应，还可以防止 NO_x 进入大气后在光照条件下与空气中的 VOCs 生成 O_3 等二次污染物，从而有助于抑制 O_3 的生成。

科技进步、交通出行两个因素对 $PM_{2.5}$ 和 O_3 均没有显著影响，科技进步的系数均为负数，说明科技进步对 $PM_{2.5}$ 和 O_3 浓度起到了一定程度的抑制作用，但效果尚不明显，还需要进一步加强生态绿色科技创新和应用。交通出行的显著度低，可能与长三角新能源汽车保有量高有关，2022 年年底，长三角三省一市新能源车保有量达到 309.65 万辆，汽车对大气环境质量的影响一定程度上得到改善。

表 3-9　2018—2022 年长三角地区大气污染的影响因素

解释变量	$PM_{2.5}$ 浓度主效应系数	O_3 浓度主效应系数
EG	−0.207*	−0.112
	(−1.70)	(−0.39)
IS	0.063**	0.257**
	(2.53)	(2.46)
ln PD	−0.428*	−0.773
	(−1.92)	(−1.49)
TA	−0.042	−0.085
	(−0.56)	(−0.48)
ln TC	−0.041	0.021
	(−0.96)	(0.69)
GR	−0.062***	−0.041*
	(−2.60)	(−1.80)
ln UP	−0.037	−0.054*
	(−1.30)	(−1.79)

注：括号中为 z 值，*、**、*** 分别表示 $P<0.1$、$P<0.05$、$P<0.01$。

为了验证各因素对长三角区域大气污染格局影响结果的稳健性，本书采取更换空间权重矩阵的方法，将反距离矩阵替换为经济距离矩阵进行检验。结果表明，产业结构与 $PM_{2.5}$ 浓度呈现显著的正相关关系，经济发展、人口密度、科技进步、城市绿化与 $PM_{2.5}$ 浓度呈现显著的负相关关系；产业结构与 O_3 浓度呈现显著的正相关关系，城市绿化与 O_3 浓度呈现显著的负相关关系。从整体上看，替换矩阵后的回归结果与上述结果基本保持一致，说明 SDM 模型具有一定的稳健性。

表 3-10　长三角地区大气污染影响因素的稳健性检验

解释变量	$PM_{2.5}$ 浓度主效应系数	O_3 浓度主效应系数
EG	−1.123***	−0.043
	(−6.29)	(−0.17)
IS	0.328***	0.362***
	(2.53)	(3.75)
ln PD	−0.361***	0.101
	(−2.97)	(0.17)
TA	−0.216***	−0.091
	(−3.48)	(−0.69)
ln TC	−0.213	0.015
	(−0.93)	(0.15)
GR	−0.096***	−0.094*
	(−2.70)	(−1.71)
ln UP	−0.12	−0.021
	(−1.03)	(−0.38)

注：括号中为 z 值，*、**、*** 分别表示 $P<0.1$、$P<0.05$、$P<0.01$。

综上所述，长三角区域 $PM_{2.5}$ 浓度与经济发展和人口密度呈明显负相关，长三角经过持续转型发展，经济发展对大气污染的影响逐渐减少，但第二产业的发展仍会使大气中的 $PM_{2.5}$ 浓度上升。长三角人口密度的增加能够提高资源、能源和基础设施的利用效率，推进能源利用的集约化和高效化，有助于大气环境质量的改善。城市绿化对 $PM_{2.5}$ 也产生了显著的抑制作用。O_3 是典型的二次污染物，第二产业占比上升，会带来更多的工业源前体污染物排放，进而造成 O_3 浓度的上升。城市绿化和城市降水具有清洁效应，对 O_3 浓度具有较为明显的抑制作用。科技进步、交通出行两个因素对 $PM_{2.5}$ 和 O_3 均没有显著影响，新能源汽车保有量快速增加一定程度上弱化了汽车对大气环境质量的影响，长三角还需要进一步加强生态绿色科技创新和应用，发挥长三角科技创新的资源禀赋优势，构建协同、开放式创新网络，充分发挥企业能动性，持续研发大气环境质量稳定改善和大气环境风险精准防控的技术支撑体系，推进科技成果转化和推广，借力新兴技术加快赋能传统产业绿色低碳转型，推动绿色技术创新与产业发展融合，促进钢铁、石化化工、装备制造等行业实施绿色化升级改造。

第四节　长三角区域大气污染物排放标准比较

2015 年 1 月 1 日起实施的《环境保护法》中明确了区域联合防治要统一规划、统一标准、统一监测、统一防治。“统一标准”成为区域大气污染防治的重要组成部分。

一、大气污染物排放标准的制定存在差异

根据我国《环境保护法》和《大气污染防治法》规定，地方政府可以补充或制定更加严格的环境标准。表 3-11 展现的是长三角大气固定源污染物排放地方标准，空缺部分表示该地执行的为国家标准。针对同一污染源，各省（市）级政府制定的相应排放标准项目不统一。

从排放标准的数量来看，截至 2020 年年底，上海市已发布 19 项

大气污染物相关排放标准，其中9项为大气固定源污染物排放地方标准；江苏省发布6项大气固定源污染物排放地方标准；浙江省发布6项大气固定源污染物排放地方标准；安徽省仅发布1项大气固定源污染物排放地方标准。

从涉及行业来看，上海市大气污染物排放标准体系相对完善，大气固定源污染物排放标准涵盖火电燃煤、有色及典型挥发性有机化合物（VOCs）行业，然而上海VOCs排放量比较大，且集中于工业涂装行业，这方面相应的地方标准还需进一步加强；江苏省和浙江省出台的地方标准数量及覆盖的行业相对较少。安徽省出台的大气污染物排放地方标准最少，主要执行国家标准。《水泥工业大气污染物排放标准》的制定一定程度反映了安徽省的产业发展结构。

二、大气污染物排放标准不统一

长三角三省一市对于同一环境标准项目规定的大气污染物标准排放限值存在差异。由于同时存在国家一般控制标准排放限值、国家特别排放限值及地方标准排放限值3个不同层次的标准排放限值，长三角各地区存在执行不同标准排放限值的情况。以锅炉大气污染排放标准为例，三省一市执行的标准除烟气黑度都小于等于1级外，颗粒物、二氧化硫、氮氧化物的污染物排放限值存在较大差异。上海市于2018年第二次修订了锅炉大气污染物排放标准，执行相对更为严格的污染物排放控制要求。与国家特别排放限值相比，颗粒物限值差距为2倍，二氧化硫限值差距为5倍，氮氧化物限值差距为3倍。安徽省2019年以前仅在重点控制区域执行大气污染物特别排放限值，2019年才开始全面执行大气污染物特别排放限值。

表 3-11　长三角大气固定源污染物排放地方标准

	上海市	江苏省	浙江省	安徽省
火电燃煤	《锅炉大气污染物排放标准》(DB31/T387-2018) 《燃煤电厂大气污染物排放标准》(DB31/963-2016)	—	《燃煤电厂大气污染物排放标准》(DB33/2147-2018)	—
钢铁	—	—	—	—
有色	《工业炉窑大气污染物排放标准》(DB31/T860-2014)	《工业炉窑大气污染物排放标准》(DB32/3728-2020)	—	—
建材	—	—	—	《水泥工业大气污染物排放标准》(DB34/3576-2020)
石化	—	—	—	—

续表

	上海市	江苏省	浙江省	安徽省
典型VOCs行业	《印刷业大气污染物排放标准》（DB31/872-2015） 《船舶工业大气污染物排放标准》（DB31/934-2015） 《家具制造业大气污染物排放标准》（DB31/1059-2017） 《涂料、油墨及其类似产品制造工业大气污染物排放标准》（DB31/1881-2015） 《汽车制造业（涂装）大气污染物排放标准》（DB31/859-2014） 《生物制药行业污染物排放标准》（DB31/373-2010）	《汽车维修行业大气污染物排放标准》（DB32/3814-2020） 《半导体行业污染物排放标准》（DB32/3747-2020） 《表面涂装（汽车制造业）挥发性有机物排放标准》（DB32/2862-2016） 《表面涂装（汽车零部件）大气污染物排放标准》（DB32/3966-2021） 《生物制药行业水和大气污染物排放限值》（DB32/3560-2019）	《工业涂装工序大气污染物排放标准》（DB33/2146-2018） 《制鞋工业大气污染物排放标准》（DB33/2046-2017） 《化学合成类制药工业大气污染物排放标准》（DB33/2015-2016） 《纺织染整工业大气污染物排放标准》（DB33/962-2015） 《生物制药工业污染物排放标准》（DB33/923-2014）	—

资料来源：根据长三角各政府网站整理。

表 3-12　长三角锅炉大气污染物排放限值比较

省市		上海市	江苏省	浙江省	安徽省
执行标准		DB31/387-2018	国家特别排放限值	国家特别排放限值	国家特别排放限值
限值（mg/m^3）	颗粒物	10	10	20	20
	二氧化硫	10	50	50	50
	氮氧化物	50	50	150	150

资料来源：根据长三角各政府网站整理。

VOCs 是长三角地区主要大气污染物（$PM_{2.5}$ 和 O_3）的前身，制药工业属于典型 VOCs 行业，是大气环境污染重点管控行业。VOCs 的有效控制有利于长三角区域大气治理。以制药行业大气污染物排放标准为例，上海市生物制药工业大气污染物排放标准于 2006 年首次发布，制定时间较早，2010 年对其进行修订；江苏省于 2019 年发布该项地方标准；浙江省于 2014 年（首次）实行该项地方标准；安徽省未制定相关标准；制药行业国家标准于 2019 年（首次）才开始实施（GB 37823-2019）。可以看出，地区间的制定时间差距明显。

针对该项标准，上海市规定了 10 项大气污染物排放限值，江苏省为 12 项，浙江省为 13 项。通过对比各地执行的标准，可以明显看出各地污染物排放限值有所差距，如针对颗粒物排放，上海市、江苏省、浙江省分别执行 80 毫克/立方米（为现有污染源，新污染源为 20 毫克/立方米）、10 毫克/立方米、30 毫克/立方米（为现有污染源，新污染源为 10 毫克/立方米）的排放标准，国家标准限值为 30 毫克/立方米。可以看出，不同地区的排放标准差距较大。为加强长三角区域 $PM_{2.5}$ 和臭氧污染的协同控制，推进长三角区域生态环境标准的统一，2020 年，长三角三省一市联合发布了《制药工业大气污染物排

表 3-13 长三角制药行业大气污染物排放标准比较

省市	标准名称	实施时间	适用范围
上海市	《生物制药行业污染物排放标准》(DB31/373-2010)	2010.7.1	发酵、提取、生物工程、制剂、生物医药研发机构
江苏省	《生物制药行业水和大气污染物排放限值》(DB32/3560-2019)	2019.4.1	发酵、提取、生物工程、制剂、生物医药研发机构
浙江省	《化学合成类制药工业大气污染物排放标准》(DB33/2015-2016)	2016.10.1	化学合成类制药(包括医药中间体、兽药)
	《生物制药工业污染物排放标准》(DB 33/923-2014)	2014.5.1	发酵、提取、生物工程
安徽省	《制药工业大气污染物排放标准》(GB37823-2019)	2019.7.1	GB/T4754-2017 中规定的医药制造业(C27)、医药中间体、医药研发机构

资料来源:根据长三角各政府网站整理。

放标准》征求意见稿,该标准为长三角区域一体化标准,经过三省一市批准后实施。

第四章 长三角区域大气污染协同治理演化与困境

区域大气污染协同治理有别于其他公共事务领域,政府承担着政策制定、实施管理、监督考核等职能,因此,区域大气污染协同治理是不同层级政府主体之间的协同,市场和社会主体协同作为补充。为弥补长三角区域大气污染协同治理中的“碎片化”缺陷,自 1997 年长三角城市经济协调会成立以来,地方政府主体依托联席会议、行动计划等治理方式积极探索大气污染协同治理,并逐渐形成了较为成熟的多元主体参与的区域大气污染协同治理结构。但是,长期以来长三角区域大气污染协同治理结构主要是基于地方间的横向协商机制形成,协同治理结构相对松散,难以产生制度约束。2018 年 11 月,长三角区域一体化发展上升为国家战略,纵向介入在区域大气污染协同治理中的作用得到强化,为摆脱长三角区域大气污染治理集体行动困境带来机遇。

本章研究发现,长三角区域大气污染协同治理网络密度总体上趋于增大,由最初的“强横向、弱纵向”的结构特点,逐渐演化出“强横向、强纵向”的特征。长三角区域大气污染协同治理网络结构具有明显的非梯度分布的层级特征,省级行政主体在网络结构中起到主导作用。区域大气污染协同治理网络结构受省级行政边界的影响较为明显，江苏、浙江和安徽范围内的城市各自形成了联系较为紧密的合作子集，省界内城市在开展大气污染协同治理方面表现出更加紧密的关系，跨省界的协同治理联系主要集中在省会城市或省界城市。QAP 回归分析表明，城市间距离、行政区划对大气污染协同治理关系的形成有显著影响，长三角城市间大气污染协同治理尚未充分考虑臭氧、$PM_{2.5}$等大气污染物的空间影响，行政主导特征显著。

第一节　长三角区域大气污染协同治理结构特征

本研究从整体网络特征、节点网络特征和空间聚类特征三个方面分析长三角区域大气污染协同治理结构特征。

一、区域大气污染协同治理结构的整体网络特征

长三角区域大气污染协同治理网络结构的联系程度总体越来越紧密，不同层级主体间的互动趋于频繁。从表 4-1 来看，样本数量为划分的时间段内区域合作总量，3 个阶段的年均区域合作总量呈上升趋势。长三角区域大气污染协同治理的网络密度由 0.418 上升至 0.925，说明协同治理网络结构中参与主体关系越来越紧密，网络主体在资源、信息等方面的交流及协作程度逐渐升高。但第三阶段较高的网络密度也反映出网络中存在一定的冗余连线，可能会影响协同治理效率的提升。

表 4-1　长三角区域大气污染协同治理网络结构指标

	2008—2013 年	2014—2017 年	2018—2022 年
样本数量	45	121	126
网络规模	50	59	59
网络密度	0.418	0.645	0.925

2008—2013 年，长三角大气污染协同治理主要表现为地方政府之间的自发合作，呈现出“强横向、弱纵向”的结构特点。长三角区域尚未出现严峻的区域性大气污染问题，区域大气污染协同治理关系主要集中在江苏、上海和浙江的城市之间，跨行政区的地方政府间合作联系相对频繁，省（市）级政府主体的主导地位并不显著。中央部委主体之间缺少协同联系，更多表现为单独对地方政府的治理行为进行条线指导或部署。安徽尚未成为长三角的正式成员，仅省会合肥及周边城市在中央部委的统筹下与长三角大气污染协同治理产生微弱联系。

2014—2017 年，长三角大气污染协同治理关系呈现出“弱横向、强纵向”的结构特点。2014 年 1 月，长三角三省一市和国家八部委组成的长三角区域大气污染防治协作机制启动，进一步加强了不同层级治理主体之间的联系。中央部委之间的联动开始加强，协同对地方政府的治理行为进行指导或部署。江、浙、沪、皖省（市）级政府主体的直接联系明显增多，在协同治理网络结构中的主导地位增强，跨行政区地方政府间合作联系相较第一阶段有所减弱，但省会城市在资源整合与共享上更加有优势，开展跨行政区大气污染治理合作相比其他地级市更为活跃，承担了信息传递、资源协调以及合作激励的任务。长三角区域大气污染协同治理网络结构的层级特征开始显现。

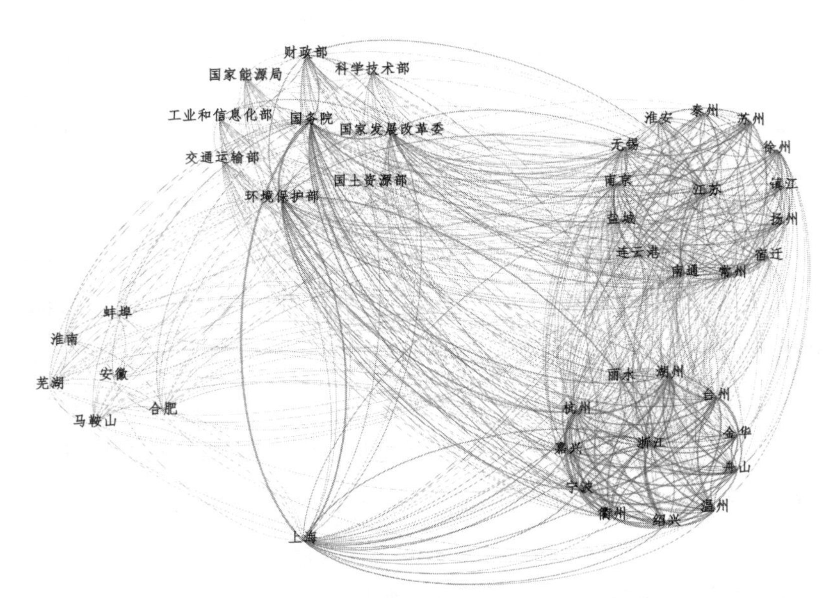

图 4-1　2008—2013 年长三角区域大气污染协同治理网络结构

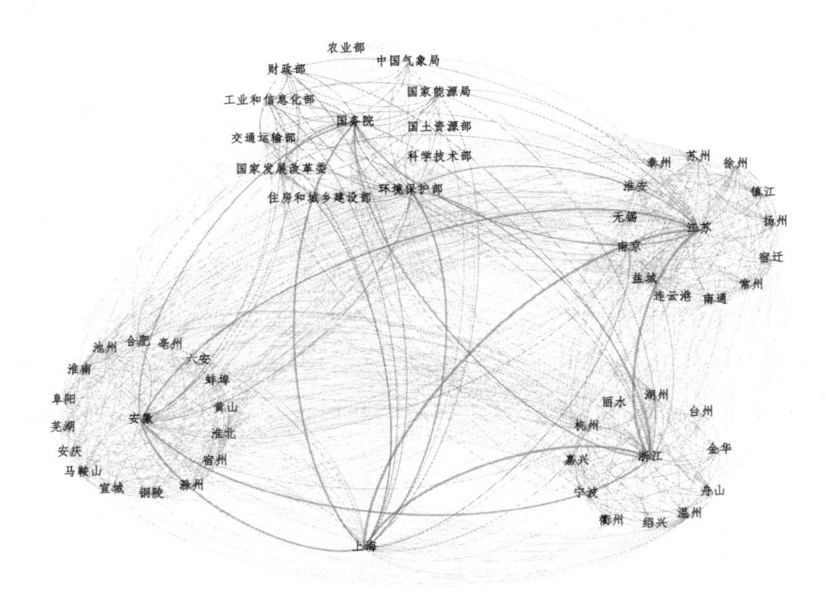

图 4-2　2014—2017 年长三角区域大气污染协同治理网络结构

2018—2022年，长三角大气污染协同治理的网络密度有显著提升，呈现出“强横向、强纵向”的结构特点。协同治理网络不断趋于成熟，形成了稳定的网络结构体系。2018年，长三角区域一体化发展上升为国家战略，生态环境部、国家发展改革委、工业和信息化部持续牵头开展《长三角地区秋冬季大气污染综合治理攻坚行动方案》，从连线的粗细程度看，上海、江苏、浙江和安徽4个省(市)级政府主体之间的协同关系最为紧密，其次为国务院、生态环境部等治理主体与江、浙、沪、皖的联系。与上一阶段不同的是，跨省(市)地方政府间合作联系开始频繁和强化，但在空间上主要集中于省会城市或省界城市，如浙江省的杭州市、湖州市、嘉兴市、宁波市等，安徽省的合肥市、黄山市、滁州市等，江苏省的南京市、苏州市、南通市、徐州市等。

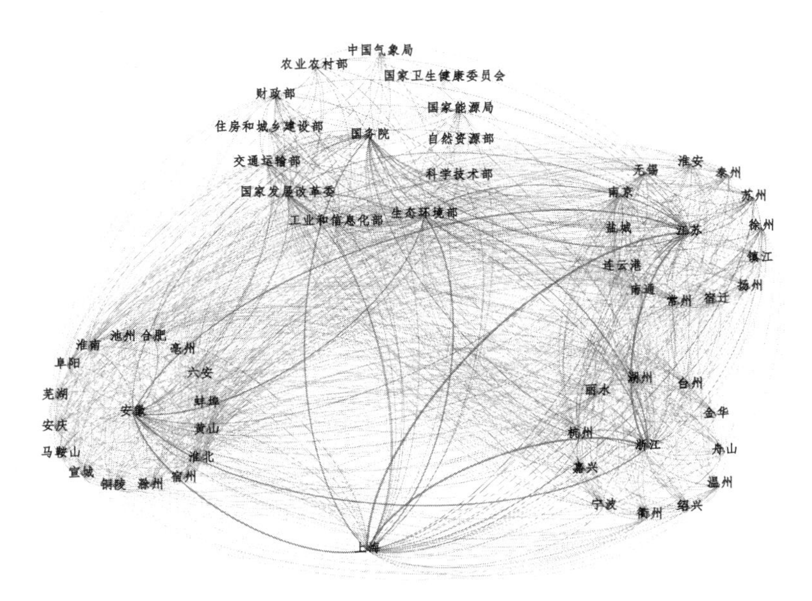

图4-3　2018—2022年长三角区域大气污染协同治理网络结构

综上可见，纵向介入影响了区域大气污染协同治理网络结构。从长三角区域大气污染协同治理网络结构演化来看，从第一阶段“强横向、弱纵向”到第三阶段“强横向、强纵向”的结构特点，纵向介入得到了强化，一种既有别于传统的纵向协同主导的“金字塔”形治理结构，又有别于横向协同主导的“扁平化”治理结构，总体上表现出纵向介入和横向协同兼顾的多层级区域大气污染协同治理网络结构开始形成。这种基于“强纵向-强横向”双重协同关系耦合形成的长三角多层级协同治理网络结构，有助于突破传统横向协同治理难以形成有效约束的局限性。

二、区域大气污染协同治理结构的节点网络特征

长三角区域大气污染协同治理网络结构在3个阶段的度数中心势分别为14.29%、10.79%、11.54%，呈先下降后上升的趋势，即各参与主体在整体网络中的影响力仍存在一定差异。从度数中心度的计算结果来看，上海、江苏、浙江、安徽4个省(市)级治理主体以及国务院、生态环境部、国家发展改革委等治理主体的影响力排在前列，反映了多层级的区域大气污染协同治理网络结构的形成。区域大气污染协同治理网络结构的节点网络特征如下：

一是省(市)级治理主体的地位显著提高。2008—2013年，杭州、宁波、嘉兴等城市的中心度明显高于其他主体，呈现出地方城市层面的协同治理占主导的特征。随着长三角区域大气污染防治协作机制的启动，国务院、上海、江苏、浙江、安徽等高层级主体的中心地位上升，2014年以来其度数中心度均位于前列，表明与其他主体之间的合作关系越来越紧密，互动趋于频繁。上海、浙江、江苏、安徽4个省(市)级治理主体度数中心度的排名不断上升，2018—2022年，

4 个治理主体的度数中心度占据前四位，高于生态环境部和国务院，说明省级行政区域在长三角大气污染协同治理中发挥主导作用。

二是纵向干预的专业性逐渐增强。2018—2022 年，生态环境部的度数中心度超过了国务院，国家发展改革委等部委的地位也逐渐上升，说明长三角大气污染协同治理的纵向干预方呈现出信息型干预方式增加、权威型干预方式减少的特点，专业特征明显的职能部门发挥的作用越来越大，发挥统筹长三角大气污染协同治理的作用。

三是综合实力较强的城市在网络中的地位较高。虽然城市治理主体在网络中的影响力整体上呈现下降态势，但苏州、杭州、南京、合肥、无锡、宁波等综合实力较强的城市在网络中的地位不断升高，相对要高于其他城市。

表 4-2　长三角区域大气污染协同治理网络度数中心度(前 15 位城市)

序号	2008—2013 年		2014—2017 年		2018—2022 年	
1	杭州	24.26	上海	16.07	上海	21.80
2	宁波	24.21	浙江	15.84	浙江	20.11
3	浙江	22.92	江苏	15.60	江苏	19.83
4	嘉兴	22.17	国务院	13.25	安徽	19.14
5	国务院	21.88	安徽	13.11	生态环境部	16.48
6	湖州	21.73	环境保护部	9.73	国务院	16.35
7	绍兴	21.73	南京	7.89	国家发展改革委	15.04
8	环境保护部	21.13	国家发展改革委	7.85	苏州	13.25
9	江苏	19.64	杭州	7.85	杭州	12.88
10	台州	19.64	苏州	6.58	南京	11.78
11	舟山	19.05	合肥	6.57	交通运输部	11.68
12	上海	18.01	工业和信息化部	6.53	合肥	11.62
13	南京	17.85	宁波	6.39	无锡	11.56
14	温州	17.71	舟山	5.96	宁波	11.37
15	苏州	17.56	财政部	5.92	财政部	11.25

长三角区域大气污染协同治理网络结构具有明显的层级特征。但这种层级特征不是自上而下的梯度分布，省级行政单元在长三角区域大气污染协同治理网络结构中起到主导作用，上海、江苏、浙江和安徽4个省（市）级政府主体之间的协同关系最为紧密，在长三角区域大气污染协同治理网络结构中占重要地位。此外，国务院、生态环境部等治理主体在网络结构中发挥重要作用，在大气污染协同治理政策上给予支持、协调和帮助。

三、区域大气污染协同治理结构的空间聚类特征

凝聚子群主要分析协同治理网络的子集合，子集合中的治理主体之间一般具有直接、紧密、较强或者积极的关系（王东方，等，2018）。长三角区域大气污染协同治理网络中的59个治理主体被聚类分成了8个凝聚子群（见表4-3）：凝聚子群1为国务院、江、浙、沪、皖和生态环境部，是长三角区域大气污染协同治理网络的核心子群，主要负责区域大气污染协同治理的顶层设计和联合决策，是纵向介入的重要主体，强化了区域大气污染协同治理的刚性约束。凝聚子群2至4均为中央部委，相关部门在长三角区域大气污染防治协作的顶层设计协同发力，在参与长三角大气污染协同治理过程中具有某种属性上的同质性。凝聚子群5和7主要为江苏省城市，凝聚子群6主要为浙江省城市，凝聚子群8主要为安徽省城市，是长三角区域大气污染协同治理任务的具体落实主体，反映了省界内城市在开展大气污染协同治理方面具有更加直接、紧密的关系。

凝聚子群分析表明，区域大气污染协同治理网络结构受行政边界的影响较为明显。大气污染治理具有公共物品的属性，区域大气污染协同治理需要实现跨区域治理。长三角在城市这一执行层面的

表 4-3　长三角区域大气污染协同治理网络凝聚子群分析结果

凝聚子群	治　理　主　体
1	国务院、江苏、安徽、浙江、上海、生态环境部
2	国家发展改革委
3	工业和信息化部、住房和城乡建设部、交通运输部、中国气象局、国家能源局、科学技术部、农业农村部、财政部、水利部、国家卫生健康委员会
4	自然资源部、国家海洋局
5	南京、无锡、常州、苏州、南通、盐城、扬州、徐州、泰州、宿迁、连云港
6	杭州、湖州、丽水、金华、舟山、台州、温州、嘉兴、宁波、绍兴、衢州
7	淮安、镇江
8	安庆、合肥、马鞍山、铜陵、宿州、淮北、亳州、阜阳、芜湖、淮南、六安、黄山、滁州、池州、宣城、蚌埠

治理主体，依据行政区划形成了联系较为紧密的合作子集，江苏、浙江和安徽范围内的城市各自形成凝聚子群，省内城市在开展大气污染协同治理方面具有更加紧密的关系。虽然第三阶段跨行政区地方政府间协同治理联系有所强化，但在空间上还局限于省会城市或省界城市，总体上跨行政区的城市合作关系尚不活跃，需要根据不同类型大气污染物浓度分布特征及治理需要，制定跨行政区的城市协同治理措施。

与区域协同创新、跨界设施建设、产业转移等领域的跨界协同相比，大气污染协同治理网络的形成和发展表现出更强的被动性、任务性特征(李辉，等，2020)。长三角大气污染协同治理网络结构与本区域形成的决策层、协调层、执行层“三级运作”的合作机制有密切关系。其中，决策层为长三角三省一市主要领导座谈会，审议、决定和决策有关长三角区域大气污染协同治理的重大事项。协调层为长三角三省一市常务副省(市)长参加的长三角地区合作与发展联席会议，协商确定阶段性的区域大气污染协同治理重点。执行层通过召开办公会议和专题会议的形式进行运作，实行地方政府间平等磋商、制度合作。由于长三角区域大气污染治理涉及复杂的利益协调，区域大气污染治理的深入开展需要中央部委指导和协调，2009 年召开首次长三角地区环境保护合作联席会议时，原环境保护部华东环保督查中心受邀参加。2014 年成立的长三角区域大气污染防治协作小组，由江、浙、沪、皖三省一市以及 8 个中央部委组成。由此，长三角基于“强纵向-强横向”双重协同关系，耦合形成多层级的大气污染协同治理网络结构，以增强大气污染跨界协同治理的约束性。

第二节　长三角区域大气污染协同治理结构演化历程

区域大气污染协同治理结构不是各种治理主体的简单聚集，而是由相互依存、相互作用的治理主体在不同空间尺度上或一定功能范围内根据一定的规则、规律形成的复杂治理网络，治理主体间的权力和技术结构关系特征将影响治理决策。鉴于大气污染治理的公共事务属性，区域大气污染协同治理首先应是不同地区、不同层级政府主体之间的协同，这种地方政府主体间的协同构成了长三角大气污染协同治理结构。

一、横向协商主导的大气污染协同治理结构

1997 年，长三角城市经济协调会正式成立，开启了长三角区域一体化发展进程，长三角环境协同治理也随之同步推进，基于地方政府主体的横向协商成为该时期区域大气污染协同治理的主要特征。

（一）区域大气污染协同治理主体

1997年成立的长三角城市经济协调会由15个城市组成[①]，协调会以平等交流、沟通协商、共建共享为理念，定期召开15个城市的市长峰会。2003年召开的第四次长三角城市经济协调会上，会议内容涵盖了推进区域生态建设、基础设施建设、信息资源共享等内容，与会城市强调要推进区域生态治理，维护可持续发展的生态环境，长三角区域生态环境合作正式提上议程，也标志着长三角区域环境协同治理结构的形成。

（二）区域大气污染协同治理结构特征

基于横向协商形成的区域协同治理结构是本阶段长三角区域大气污染协同治理的最大特征。虽然长三角城市经济协调会规模不断壮大，协调会的成员城市不断增加，但合作交流方式主要为城市层面的协商，没有行政隶属关系的各城市政府部门是此时期长三角区域大气污染协同治理的主体。长三角城市经济协调会是城市自发自愿组织的横向交流与合作平台，这种协同结构主要表现为同一层级城市之间的横向府际协同，在城市治理主体之间建立横向联系，促进环境污染治理相关知识、技术和信息等要素的流动（Tiwari et al., 2015）。通过开展多种形式的沟通、协商和协调，在各成员城市之间实现优势互补和协同治理，进而推进区域各项环境合作举措的落实。

此时的长三角区域大气污染协同治理结构总体上较为松散，没有行政隶属关系的地方政府主体间的合作机制多以会议磋商、协商沟通等方式实现，由于跨区域的约束激励机制等制度化安排较为缺

---

① 15个城市为：上海、无锡、宁波、舟山、苏州、扬州、杭州、绍兴、南京、南通、泰州、常州、湖州、嘉兴、镇江。

乏，所达成的污染治理共识缺乏跨区域的执行力和约束力，同时该时期的区域环境协同治理重点集中在定期协商研究区域生态环保合作的重大事项上，地方政府主体层面的横向协同缺乏顶层设计和决策支持，发挥的作用有限。

二、多层级协商主导的大气污染协同治理结构

为克服长三角区域一体化发展进程中存在的顶层设计和决策支持缺乏等不足，2005 年 12 月，上海、江苏和浙江主要领导第一次座谈会召开，以此为开端，自 2008 年起长三角政府层面实行“三级运作”的区域合作机制，构建了涵盖决策层、协调层和执行层的多层级协同结构，长三角区域大气污染协同治理结构也呈现出多层级协商主导的发展特征。

（一）区域环境协同治理主体构成

长三角区域环境协同治理较为复杂，区域大气污染治理合作的深入开展需要国家相关部委指导和协调，以克服行政壁垒障碍，提高协同治理效率。2009 年，首次长三角地区环境保护合作联席会议召开，会议邀请原环境保护部华东环保督查中心参加，支持上海市、江苏省、浙江省环保部门开展环保治理与合作。

2014 年，长三角区域大气污染防治协作小组成立，成员包括江、浙、沪、皖三省一市以及原环境保护部等国家部委。因此，该时期内国家部委与长三角地方决策层、协调层、执行层共同成为长三角区域大气污染协同治理主体。

首先，决策层为长三角三省一市主要领导座谈会，审议、决定和决策有关长三角包括区域大气污染协同治理在内的环保合作重大事项，明确区域大气污染协同治理的阶段性任务，是长三角区域大气污

染协同治理的最高层次治理主体。

其次，协调层为江、浙、沪、皖的常务副省（市）长出席的长三角地区合作与发展联席会议，落实长三角三省一市主要领导座谈会的决策部署，协商明确阶段性的长三角区域大气污染协同治理方向和重点，协调解决协同治理进程中遇到的相关问题。

再次，执行层是长三角地方政府或相关管理部门，通过专题会议的形式开展运作，协调推进区域性的重点合作专题，其中环保是长三角三省一市 12 个重点合作专题之一，主要方式表现为地方政府间平等磋商、制度合作，或者行业协会等主体开展跨地区互动与联合。

最后，国家有关部委主要是在区域大气污染治理的制度政策上给予支持、协调和指导，并与长三角三省一市积极协商合作，确定阶段性区域大气污染协同治理重点任务和工作目标，协同落实长三角大气环境质量保障工作。

（二）多层级协商主导的治理结构特征

地方政府主体之间的横向协同治理关系是区域大气污染协同治理的关键性要素（刘文祥，等，2008），虽然该时期内国家部委开始扮演更多的角色，但多层级主体协商主导的长三角区域大气污染协同治理结构主要以横向协同关系为主，表现为多个层次的同级地方政府间的平等合作关系，特别是省级行政单元决策层的横向协同关系，对区域大气污染协同治理起到决定性作用。

在横向协同治理结构关系的基础上，长三角通过构建决策层、协调层和执行层三级架构，以及国家有关部委在区域大气污染治理政策上给予指导、规范和协调，开始形成一种弱纵向协同治理结构关系。在这种结构框架下，长三角决策层、协调层和执行层共同运作，深入推动长三角三省一市不同层级政府主体之间协商交流、政府与企业主体之间以及与社会组织之间的互动配合，优化区域大气污染协同治理格局。

虽然多层级治理提高了主体的协同运作，大大加强了长三角区域大气污染协同治理进程中的决策效应和执行效率，但长三角的“三级运作”机制在本质上还是一个基于协商、交流、磋商的协同治理机制，受区域间大气污染治理诉求和治理成本差异的影响，区域大气污染协同治理结构和协调机制总体上还较为松散。从区域大气污染防治协作机制来看，协作机制原则总体上侧重于协商统筹，工作机制总体上侧重于会议磋商，主要工作内容总体上侧重于定期研究区域环保合作重大事项，区域大气污染协同治理的决策、执行、监督等职能还没有得到很好的体现，使得区域大气污染协同治理经常呈现出“运动式治理”的特征。

三、纵向介入和横向协同兼顾的大气污染协同治理结构

2018 年 11 月，习近平总书记在首届中国国际进口博览会上宣布，支持长三角区域一体化发展上升为国家战略。长三角区域一体化发展成为新时代党中央、国务院确定的重大战略，随后成立的推动长三角一体化发展领导小组，将深入推进长三角区域大气污染协同治理结构产生新变化，转向更高能级、更高质量的协同治理结构。

（一）区域大气污染协同治理主体构成

针对长三角区域一体化发展中各领域存在的决策、执行、管理瓶颈问题，2018 年长三角三省一市组建成立长三角区域合作办公室，该机构为区域性常设协调机构，进行顶层决策设计的权威性尚显不

足，在开展区域环保合作硬约束上发挥的作用相对有限。

2019年，推动长三角一体化发展领导小组成立并召开了第一次会议，长三角区域一体化发展拥有了更高层级的协调机构，纵向介入在长三角区域大气污染协同治理进程中将有助于加强顶层设计和统筹协调，能够开展跨越三省一市的顶层决策设计，能够完成生态环境部等单一机构难以开展的协调和指导任务，这将有利于提高决策的权威性和执行效率。因此，在长三角区域大气污染协同治理领域，地方决策层、协调层、执行层以及更高层级协同机构构成了协同治理主体，纵向介入和横向协同的特征更加显著。

（二）纵向介入和横向协同兼顾的治理结构特征

纵向介入和横向协同兼顾的区域协同治理结构，将构建形成多主体、多领域、多层级的工作推进机制，大大提高长三角区域大气污染协同治理的决策效率、执行效率。但目前长三角区域大气污染协同治理机制本质上还是一个交流沟通、协商磋商的协同治理机制，区域大气污染协同治理结构和协调机制总体上还较为松散。随着纵向介入的强化，在长三角“三级运作”的区域协同治理工作机制基础上，将形成一种既有别于单一纵向协同主导的“金字塔”形区域协同治理结构，又有别于单一横向协同主导的“扁平化”区域协同治理结构，总体上表现出纵向介入和横向协同兼顾的多层级协同治理结构。鉴于国家省市联动、部门区域协同将形成强大合力，基于“强纵向-强横向”双重协同关系而形成的长三角区域大气污染协同治理模式，有助于突破传统横向府际协同治理难以形成制度约束的局限性，兼顾灵活性和约束性，协调好参与主体利益，更好发挥区域大气污染协同治理的作用。

表 4-4 长三角区域大气污染协同治理重要事件

时间	重要事件	合作主体	意 义
2003 年	“绿色三角洲”计划	江、浙、沪	区域协同机制起步
2003 年	长江三角洲地区环境安全与生态修复研究中心	江、浙、沪支持下的中科院南京土壤所、浙江大学、上海市农科院共建的科研中心	科技合作，拉开区域生态治理合作的序幕
2009 年	长三角地区环境保护合作联席会议	上海市、江苏省、浙江省环保部门及原环境保护部华东环保督查中心	苏、浙、沪三地环保部门合作交流平台成立
2013 年	沪、苏、浙、皖长三角地区跨界环境污染纠纷处置和应急联动工作小组	江、浙、沪、皖及原环境保护部华东环保督查中心	协同治理范围扩展至三省一市
2014 年	长三角区域大气污染防治协作小组	江、浙、沪、皖与八部委	长三角区域大气污染防治协作机制正式启动
2018 年	长三角区域合作办公室	江、浙、沪、皖	设立三省一市跨行政区域的常设机构，提升沟通协商效率
2018 年	长三角地区政协主席联席会议	江、浙、沪、皖政协	对长三角区域污染防治协作机制落实情况开展联动民主监督
2020 年	长三角生态绿色一体化发展示范区建设	江、浙、沪及国务院	推进长三角一体化高质量发展
2021 年	长三角区域生态环境保护协作小组	江、浙、沪、皖及国家部委	开始建立长三角生态环境保护协作新机制

资料来源：各省市环保部门官方网站。

第三节　长三角区域大气污染协同治理结构影响因素

QAP 回归分析常用于分析特定关系矩阵与多个属性矩阵之间的计量关系，能够有效地处理多重共线性等问题（李光勤，等，2022），是研究关系型变量之间因果关系的常用方法，在空间关联关系矩阵与多个影响因素矩阵的关系研究中得到大量应用（李爱，等，2021）。大气污染的外溢性使得城市之间需要开展跨区域协同治理（孙燕铭，等，2022），城市是大气污染协同治理的执行主体，研究城市之间大气污染协同治理网络结构的影响因素，对进一步提升跨区域城市合作活跃度具有意义。因此，考虑到数据的可获得性和评估可行性，本研究利用长三角城市各解释变量的绝对差值建立矩阵，对 2022 年长三角城市层面大气污染协同治理网络结构进行 QAP 相关性和回归分析。

一、影响因素变量选择

现有研究大都表明大气污染排放受到地理因素的影响，中国的大气污染呈现明显的空间溢出效应和高排放俱乐部集聚效应（邵帅，等，2016），相邻城市之间由于距离更近，空气质量具有空间溢出效应和空间关联关系的可能性更大，需要加强区域联防联控和深度合作，共同治理城市大气污染问题（Gong et al., 2017）。由于城市之间的大气污染是相互影响、空间关联的，时空尺度效应非常显著，一个城市大气污染物浓度的提升，对自身与邻近地区均存在显著的正向影响(王红梅,等,2021),大气污染治理需要考虑污染物的空间影响,建立协同机制(林黎,等,2019)。经济增长差异和产业结构差异也对大气污染协同治理存在影响,经济发展水平的提高会对地区产业结构、消费结构、污染治理能力等多方面产生影响,区域间经济增长差异程度对大气污染协同治理的影响可能存在"极化效应"或"涓滴效应"(孙燕铭,等,2022)。从前文分析可知,城市大气污染协同治理具有一定的"省内抱团"合作现象,行政边界在一定程度上影响了城市之间的大气污染协同治理。因此,本书选取地理距离、环境距离、经济距离、行政距离建立多维距离矩阵。其中,地理距离以城市间的直线空间距离(Dis)构建矩阵。环境距离以城市之间臭氧年均浓度(Ozo)、$PM_{2.5}$年均浓度(Par)差值构建矩阵。经济距离以各节点城市的人均 GDP(Per)差值、第二产业占比(Ind)差值构建自变量矩阵。行政距离指是否属于同一省级行政区划(Pro),若两个城市属于同一个省份,则赋值为 1,反之为 0。

二、QAP 相关性分析

运用 Ucinet 软件,选择 5 000 次随机置换,对长三角城市大气污染协同治理关系矩阵和影响因素矩阵进行 QAP 相关性分析,分析结果见表 4-5。从相关分析结果可以看出,产业结构、城市间距离、经济发展水平、$PM_{2.5}$污染情况、行政区划 5 个因素对城市大气污染协同治理关系的形成具有显著的相关性。其中,第二产业占比和行政区划的相关系数为正值,表明两者与城市大气污染协同治理关系网络之间呈现正相关关系。城市间距离、人均 GDP、$PM_{2.5}$浓度的相关系数为负值,表明其与城市大气污染协同治理关系网络之间呈现负相关关系。臭氧浓度的相关系数不显著,表明该因素与城市大气污染协同治理关系形成的相关性不明显，臭氧尚未成为长三角大气污染治理合作的重点对象。

表 4-5　长三角大气污染协同治理网络与影响因素的 QAP 相关性分析

变量	相关系数	显著性水平	相关系数均值	标准差	最小值	最大值	$P\geqslant 0$	$P\leqslant 0$
Ozo	−0.050	0.269	0.001	0.079	−0.270	0.278	0.732	0.269
Ind	0.154	0.021	−0.001	0.071	−0.313	0.269	0.021	0.979
Dis	−0.409	0.000	0.000	0.061	−0.226	0.201	1	0.000
Per	−0.158	0.005	0.000	0.061	−0.250	0.201	0.995	0.005
Par	−0.227	0.001	0.000	0.074	−0.262	0.263	0.999	0.001
Pro	0.392	0.000	0.000	0.035	−0.100	0.196	0.000	1

三、QAP 回归分析

QAP 回归分析结果进一步表明，长三角城市间大气污染协同治理关系主要是行政主导形成，同一省份城市、邻近城市更容易形成大气污染协同治理联系，城市间臭氧、$PM_{2.5}$浓度水平尚未对大气污染协同治理联系产生显著影响。从表 4-6 可以看出，第二产业占比的回归系数显著为正，说明产业结构差异越大，长三角城市间大气污染

表 4-6　长三角大气污染协同治理网络与影响因素的 QAP 回归分析结果

变量	标准化回归系数	显著性水平
Ozo	0.053	0.517
Ind	0.197	0.014
Dis	−0.272	0.002
Per	−0.093	0.125
Par	−0.007	0.935
Pro	0.257	0.001

协同治理的联系就越强。城市间空间距离关系的回归系数显著为负，表明城市间距离越近，大气污染协同治理的联系就越强。由于大气污染的流动性和区域性，地理位置上的邻近关系会增强城市之间的联系，促进相邻城市在大气污染防治领域合作。行政区划关系的回归系数显著为正，表明位于同一省份内的城市面临的行政壁垒较弱，更容易形成大气污染协同治理关系。

第四节 长三角区域大气污染防治面临的瓶颈及成因

2014 年长三角区域大气污染防治协作机制建立以来，长三角在强化区域协同、改善大气污染方面取得了显著的成效。虽然长三角一体化发展上升为国家战略之后，区域大气污染协同治理结构正向纵向介入和横向协同兼顾转变，但长三角区域大气污染协同治理仍主要表现为各地区之间的协商合作、沟通交流，还面临着体制机制障碍、环保协作约束力有待加强等瓶颈问题。

一、长三角大气污染协同治理的瓶颈

（一）决策瓶颈

长期以来，长三角各省市之间开展区域大气污染等生态环境治理的协调主要通过主要领导之间的定期会晤、长三角环境保护联席会议等磋商机制，缺乏系统的统筹规划和顶层设计，是一种松散柔性的协商式结构。受“行政区”观念影响，各地区多从各自利益出发，许多区域大气污染协同治理决策停留在协商、倡议范畴，缺乏强有力的

协同机制和权威性的决策动力机制，区域大气污染协同治理决策取决于各地区间的协商结果，而不是完全根据区域大气污染水平以及各地区功能分工需求。长三角三省一市的经济社会发展存在不平衡问题，不同省市发展与环境之间的问题有较大差异，对大气环境保护的诉求呈多元化特点，难以有效建立区域层面的污染协同治理综合决策机制。特别是从源头转变地方发展方式的环境经济综合决策略显不足，总体上缺乏综合性的大气污染治理顶层决策设计，大气污染防治协作机制的决策过程往往需要生态环境部等国家部委及其派出机构的协调，长三角在区域大气污染协同治理领域形成多主体联动决策还面临挑战。

（二）执行瓶颈

长三角区域大气污染协同治理主要是基于横向协商，由于缺乏强制执行机制和利益协调机制，在政策措施落实方面仍然受到一定程度的掣肘，形成统一行动面临一定困难。首先，各地区执行区域大气污染协同治理政策的经济社会基础和执行水平存在差异。区域大气污染防治协作机制与各地区产业发展、技术创新、基础设施建设等发展举措的紧密对接面临挑战。由于各地区产业准入标准、大气污染物排放标准、污染防治能力和技术水平存在一定差异，区域大气污染协同治理相关决策落地执行的效果参差不齐，制约了整体大气污染治理绩效的提升。其次，长三角区域大气污染协同治理主要依赖行政手段。长三角三省一市之间的大气污染治理协商多集中在省级主管部门层面，相关政策牵头实施主体主要为基层生态环保部门，主要通过行政手段落实相关政策措施，调动各地区积极性的经济刺激手段较为缺乏，一定程度上会受到行政壁垒的影响，制约协调联动执行效率的提升。

（三）监管瓶颈

区域大气污染治理的核心工作之一是做好环境监管，长三角区域大气污染协同治理要求对环境主体在全域范围内进行监管，确保各项协同治理措施同步推进，落实生态环境保护主体责任，保障区域生态环境安全，但目前长三角尚未形成统一的区域环境监管机制。一方面，长三角尚未形成拥有区域环境协同治理机制推进和监管监督功能的权威性管理机构，缺乏具有执法权的实体监管机构，相关区域合作机构不具备执法权，难以对不履行大气污染协同治理责任的行为形成威慑力，监督区域大气污染协同治理政策、规划、标准的执行情况难以实现。另一方面，长三角大气污染治理的监督规则尚未有效对接，环境监管规范、奖惩机制等协同程度较低，污染密集型产业在区内的集聚与转移缺乏监管，缺少环境污染信息通报与共享平台，联合执法监管协调难度大，新型环境监管手段也比较缺乏，使得统一环境监管成本较高，削弱了区域层面对大气污染的监管力度。

二、长三角大气污染协同治理瓶颈的成因

长三角三省一市发展水平存在一定差距，各地区的地理位置、经济社会发展水平、大气环境质量、污染治理诉求等有所不同，行政因素、经济因素、环境因素共同衍生出区域大气污染协同治理的瓶颈挑战。

（一）环境协同治理的公共事务属性

生态环境具有典型的公共物品性质，因此，跨区域的环境保护合作与经济产业合作有显著区别。一方面，生态环境的公共物品属性决定了政府在长三角区域大气污染协同治理中的主导作用，

大气环境具有跨区域服务的连续性，加强了不同地区开展污染协同治理的依赖性。另一方面，区域大气污染治理具有很强的“正外部性”，在区域一体化发展过程中，各地区之间的利益诉求差异和对待生态环保的非合作博弈，容易制约区域大气污染协同治理的深入开展。

长三角开展区域大气污染协同治理的基础是各地区基于共同利益的合作，当区域污染治理合作能为各地区带来预期收益，就会形成区域大气污染协同治理的动力和合力。但生态环境的公共物品属性使得单个地区的环保努力与预期合作收益之间无直接关联，由于大气污染治理行为具有较强外部性，地方的大气污染治理行为带来的收益甚至可能低于其投入，因而在区域大气污染协同治理过程中经常出现“搭便车”现象。再加上大气污染物的流动性强，跨区域大气污染协同治理的权利和义务边界难以明确，给区域协同治理带来困扰。

(二) 区域大气污染防治任务存在差异

由于长三角各地区所处的发展阶段不同，受区域经济社会发展差距影响，长三角三省一市的大气污染防治任务表现出一定的空间差异。不同地区主要大气环境污染源及面临的突出大气污染问题不尽相同，对大气环境质量的提升需求有所差异，积极参与大气污染协同治理的意愿也有所差异，这对区域大气污染协同治理的决策和协调提出较大的考验。

长三角区域大气环境质量的空间关联分析显示，各省市大气污染防治的首要任务不同，皖北和苏北地区目前仍面临 $PM_{2.5}$、PM_{10} 污染的困扰，江苏省中部城市的 O_3 污染问题较为突出，浙江省城市的 $PM_{2.5}$、PM_{10} 污染防治压力相对较小，但 NO_2、O_3 污染物防治需求较大，上海市则需要加强 NO_2 等氮氧化物的防治工作。可见，经济发展阶段的不同使得各地污染防治主要任务存在一定差异。而且，由于长三角各省市处于工业化和城镇化的不同发展阶段，改革开放以来在不同发展阶段所累积下来的生态环境问题类型多样、成因复杂，呈现复合型特点。未来长三角既要应对气候变化、区域性雾霾，还要统筹解决臭氧、挥发性有机化合物等大气环境问题，区域大气污染协同治理将面临新任务和新挑战。

(三) 区域大气污染治理成本存在差异

长三角各地区经济社会发展水平存在一定差距，在很大程度上影响了发展要素在区域内布局。2022 年，上海市三产比重为 74%，浙江省、江苏省、安徽省三产比重分别为 54%、50%和 51%，上海市、江苏省、浙江省、安徽省人均 GDP 分别为 17.9 万元、14.4 万元、11.8 万元和 7.4 万元，三省一市经济社会发展存在明显的不均衡现象。上海市作为超大型国际化大都市，在资源配置和要素集聚中具有先天优势，经济发展水平在长三角地区处于领先地位，产业结构调整和转型升级已取得显著成效。江苏省和浙江省工业化开展时期较早，20 世纪 90 年代，两省工业化就已进入高速发展时期，经济总量和人均水平也处于前列。与前面 3 个省市相比，安徽省工业化和城市化进程相对较慢，近年来处于持续快速发展时期。

随着长三角各地区能源结构不断优化、产业升级不断深化以及技术创新水平不断提升，单位大气污染物排放所对应的经济产出越来越大，相应的大气污染治理的成本越来越高，而且长三角各地区间生产效率和环境治理水平存在一定差异，从而导致大气污染治理成本的区域间差异。对经济发展较慢的地区而言，如果制定较高的大气污染物排放标准和产业准入，可能对地区经济发展产生一定影响，从而影响地方政府开展区域大气污染协同治理的积极性。

此外，长三角三省一市经济社会发展存在差距，使得各区域在大气污染协同治理中的投入能力也存在差异。一般而言，经济相对发达地区用于污染治理的资金和技术资源相对较为丰富，如环保投入占全市生产总值的比例保持在3%左右一直是上海市经济社会发展的主要预期目标之一，2022年上海全年全社会用于环境保护的资金投入约1 022.27亿元。各地区在区域大气污染协同治理中投入能力和投入水平的差异，使得各地生态环境管理的技术手段参差不齐，环保系统能力建设的差距较大，部分地区环境监测等基础设施布点不足，并且没有实现有效的互联共享，造成区域间的大气污染治理的资金、技术、人员等要素协调难度大，区域大气污染协同治理规划措施在不同地区同步、同效执行面临困难。

(四) 激励与约束制度尚不完善

目前长三角区域大气污染协同治理主要通过松散的行政磋商、沟通交流加以实施，较大程度上依赖的是非制度化的区域大气污染协同治理机制，具有强制约束力的区域性环保规章制度和制度化运行程序尚未有效建立。这种松散型的协作机制缺乏强有力的组织保障和制度约束，也难以获得相应的资金支持，使区域大气污染协同治理的需求难以得到有效满足，当地方经济发展与大气污染防治任务发生矛盾时，往往会优先选择经济增长，制约了区域大气污染协同治理机制长效作用的发挥。

此外，长三角缺少具有监督权、执法权、处罚权的跨区域生态环境管理组织。区域大气污染治理统一联合执法机制薄弱，统一执法的目标、法规标准以及奖惩机制还有待建立。由于现有的协同治理机制对不履行区域大气污染协同治理责任的行为不具有威慑力，以及缺乏有效的激励机制，对各地区大气污染协同治理任务落实推进情况的监督、奖励、处罚作用非常有限。在利益难以协商的情景下，缺乏约束力可能导致各地区间环境保护协作难以落实到位。

第五章
区域大气污染协同治理的国际经验

大气污染防治是一个典型的跨界治理问题，自20世纪"伦敦烟雾事件"以来，跨区域合作成为全球范围内大气污染防治的主题之一。西方发达国家在工业化过程中出现多次严重的大气污染公害事件，但经过30—40年的探索和治理实践，大气污染问题逐步得到有效控制，欧盟、东京都市圈、伦敦都市圈、大洛杉矶地区等代表性区域的治理实践表明，尽管城市自身污染减排潜力巨大，但实现大气污染防治目标仍需要借助跨区域协同措施。长三角可借鉴国际经验，进一步完善跨区域的大气污染协同治理行动，创新和丰富地方政府间的合作方式，推动社会主体的广泛参与。

第一节　欧盟大气污染协同治理

发生时间早、影响地域范围广是欧洲大气污染问题的突出特征，欧盟对大气污染治理高度重视，致力于采取协调一致的行动，加强成员国的协同治理，从源头上更好地解决大气污染问题。欧洲环境署(EEA)于2022年年底发布的《欧洲空气质量报告2022》指出，大气污染实际影响着欧盟大部分地区，尽管主要大气污染物的排放量及年均浓度在过去20年中大幅下降，但许多地区的大气环境质量仍然很差。2020年，欧盟96%的城市人口接触到的细颗粒物浓度高于世界卫生组织制定的健康标准。欧盟致力于进一步加强治理，以实现2050年的零污染愿景，将大气污染降至不再被认为对健康有害的水平。

一、欧盟大气污染协同治理背景与内容

大气污染物氨气（NH_3）、非甲烷挥发性有机化合物（NMVOCs）、氮氧化物（NO_x）、颗粒物（PM）和硫氧化物（SO_x）对人类健康和环境产生较大的危害，因此减少上述大气污染物的排放是欧盟开展环境治理的当务之急。自2005年以来，上述5种污染物的排放量都有所下降，但到2012年，NH_3、NMVOCs、NO_x 和 SO_x 已经达到排放上限，如果欧盟要履行长期减排承诺，就必须进一步加强大气污染协同治理。

（一）治理背景

在20世纪上半期，欧洲的工业化和城市化进程引发了多起严重的大气污染事件，其中最为著名的是“马斯河谷烟雾事件”和“伦敦烟雾事件”，给社会、经济和环境造成了持续危害，欧洲国家开始关注大气污染治理。在20世纪50年代，欧洲城市的主要大气污染问题为燃煤造成的煤烟型污染，大气污染物的主要成分是硫化物煤烟粉尘。随着机动车数量不断增加和城市化的加速，氮氧化物、挥发性有机化合物和光化学污染物逐步转变为主要大气污染物。近年来，随着生活方式和能源结构的变化，主要大气污染物变为可吸入颗粒物，其中$PM_{2.5}$的危害程度最大（孙瑜颢，2015）。对欧盟的许多成员国而言，

要实现 2030 年减排承诺还需完成较大幅度的减排量，其中有 15 个国家需要将至少一种污染物减排 30%以上，匈牙利、罗马尼亚等 7 个国家需要将 $PM_{2.5}$ 的排放量减少 30%至 50%（European Environment Agency，2022）。

（二）治理内容

1. 加强大气污染治理立法

欧盟的大气环境政策主要基于三大支柱：一是《环境空气质量与清洁空气指令》，针对地面 O_3、PM、NO_x、危险重金属及其他污染物制定了空气质量标准，并要求成员国实施相应的空气质量计划以改善空气质量；二是《国家减排承诺指令》（NEC 指令），为 SO_2、NO_x、NH_3、NMVOCs 和颗粒物等跨界空气污染物制定国家减排义务，成员国必须制订各自的国家空气污染控制计划（NAPCP）以提出具体的减排措施来遵守其减排承诺；三是针对主要污染源制定特定的排放标准，包括交通、能源和工业等部门，这些标准在欧盟层面的专门立法中制定。总的来说，欧盟的大气污染防治法可操作性强，不仅制定了详细的污染物排放标准，而且通过各种指令细则落实到不同成员国的实际措施中。

从联合立法方面来看，欧盟推动大气污染协同治理的重要方式主要有两个：一是签署或参加国际条约（王欣，2019）。《远距离越境空气污染公约》（LRTAP）是欧盟首个针对减排目标达成的国际公约，该公约规定了跨境空气污染的监测、评估和减少措施，并制定了一系列的附加协议，为跨境污染治理提供了框架和合作机制。此后，欧盟在应对大气污染方面签署了一系列国际协议，包括针对硫氧化物减排的《赫尔辛基协议》、针对氮氧化物减排的《索菲亚协议》、针对挥发性有机化合物减排的《日内瓦协议》等。二是出台欧盟层面的各种指令法规(陈思婷,2020)。欧盟制定了涉及环境空气质量、固定污染源排放、挥发性有机化合物排放、国家排放上限、运输工具与大气环境五个方面的具体指令,指令对各成员国的具体减排义务形成约束,但具体实施方法由各成员国自行决策。

2. 加强固定污染源治理

欧盟针对大气固定污染源治理的政策法规主要涉及大型火力发电厂、废物焚烧、大型燃烧装置、工业排放、中等火力发电厂等领域。针对大型火力发电厂,欧盟于 1994 年颁布了《限制特定大气污染物质排放的指令》,该指令主要限制硫、氮氧化物等污染物的排放量,并且要求大型火力发电厂必须安装排放控制设施。2000 年颁布《废物焚烧指令》,要求废物焚烧厂必须达到一定的排放标准,其中包括二氧化硫、氮氧化物、氯化氢等污染物的排放限制。2001 年颁布《大型燃烧装置大气污染物排放限制指令》,规定大型燃烧装置的污染物排放限值,并要求对相关设备进行监测和报告。2008 年出台《综合污染预防和控制指令》,要求工业企业制订综合污染预防和控制计划,并对排放污染物的企业进行监管。2010 年颁布《工业排放指令》,规定排放限值和技术要求,强制工业企业采取措施降低污染物排放。2017 年发布《限制中等燃烧电厂特定大气污染物排放的命令》,限制中等火力发电厂的氮氧化物和二氧化硫排放量。

此外,欧盟通过一系列市场化手段对固定污染源排放进行规制:一是征收税费,包括能源或燃料油税、二氧化碳税等大气污染物税种,例如丹麦将工业行业的能耗分为三类并征收 25%至 100%不等的二氧化碳税、二氧化硫税和能源税,德国对大型燃煤电厂征收的二氧化碳排放税高达 25 欧元/吨,以鼓励工厂使用更清洁的能源和技术。二是建立欧盟排放交易体系(EU-ETS),涉及发电与冶炼、钢铁、矿业等重要高能耗工业行业，包含了所有的电厂、石油冶炼厂、钢铁厂、焦炭厂、水泥厂、玻璃和陶瓷厂以及所有 20 MW 以上的装置，旨在实现固定排放源的温室气体排放总量，并为这些排放源提供灵活的减排选择，进而推动行业减排和转型升级（吕阳，2013）。三是投资可再生能源，欧洲 60%的二氧化硫排放来自能源生产和供暖，因此欧盟正在逐步淘汰化石燃料并转向清洁能源的使用，LIFE 清洁能源转型子计划于 2021 年至 2027 年期间的预算接近 10 亿欧元，旨在通过资金协调促进基于可再生能源的可持续经济，此外欧盟还通过安装高效锅炉和使用清洁能源进行区域供热来减少住宅供暖排放。

3. 加强移动污染源治理

20 世纪 70 年代以来，欧盟从多方面入手控制大气移动污染源的排放：一是制定机动车气体排放标准。1970 年欧共体发布《汽车排放控制指令》，该指令旨在规定新车型的尾气排放标准，针对二氧化碳（CO_2）、碳氢化合物（HC）、氮氧化物（NO_x）和颗粒物（PM）等主要污染物设置了排放限值，并要求成员国在国内制定相应的实施措施，该指令也得到了多次修订和更新，进一步加强了排放限制。由于轻型机动车是欧盟温室气体的主要来源之一，约占欧盟总二氧化碳排放量的 15%，欧盟制定了一系列关于轻型商用车及私人用车的排放战略，包括 1998 年颁布的《轻型商用车和私人用途车辆尾气排放限值指令》以及 2018 年颁布的《轻型商用车和私人用途车辆尾气排放限值与燃油消耗量测试程序指令》等。二是制定燃料质量标准和要求。欧盟于 1998 年颁布《关于汽车和柴油燃料质量的指令》，规定只有符合环境规范的汽油和燃料才能投放市场，自 2000 年开始将车用汽柴油中硫含量的限值规定为 350 mg/kg，经多次下调后，自

2009年开始将该限值规定为10 mg/kg。2014年,欧盟颁布《关于部署替代燃料基础设施的指令》,规定了建立替代燃料基础设施的最低要求,包括电动汽车充电点和天然气、氢气的加气站等,以减少对石油的依赖并减轻运输对环境的影响。三是建立可持续的公共交通体系。在考虑城市功能分区的基础上,采用对公共交通有利的通行标准,优化城市区域交通流量分配(刘小乔,2015),加强对限速和低排放区的管理。此外,欧盟各成员国大力推行智能交通系统(ITS),将集成先进技术运用于整个交通运输系统(环境保护部大气污染防治欧洲考察团,2013),例如德国推出"智能联网汽车"(Connected and Automated Driving, CAD)计划,旨在促进汽车制造商和科技公司开发与测试自动驾驶技术,并推广车辆之间和车辆与基础设施之间的通信,以减少道路拥堵、改善空气质量和提高交通运输的高效性和可持续性。

4. 加强治理机构建设

欧盟大气污染的联防联控由多个区域合作机构共同推进,欧盟委员会、欧洲环境署、欧洲法院、区域空气质量委员会、区域大气污染科学中心等协同构建了欧盟跨区域大气污染治理框架。其中,欧盟委员会(UNECE)的主要职能是参与制定并推动执行与大气环境相关的指令法规,同时对执行情况进行监督并对违反法规的行为进行调查,必要时可向欧洲法院起诉,欧洲法院可对相应的违规行为做出裁决;欧盟委员会下设专门的"环境空气质量委员会",针对各成员国的大气环境质量信息进行反馈。欧洲环境署(EEA)主要负责监测和评估欧盟环境政策的实施情况及环境质量状况,并发布大气环境质量信息以加强区域之间的互联互通,同时可以为欧盟委员会的工作提供信息和技术支持。1977年欧洲经济委员会大气污染和气候变化问题委员会启动“远程大气污染传输监测和评价合作计划”(EMEP),向各成员国提供大气污染环境的重要监测和评价信息(魏巍贤,等,2017),执行机构为区域大气污染科学中心和区域空气质量委员会,两者协同合作、分工明确,前者负责科学研究,后者负责在此基础上制定政策(吴磊,等,2016)。以上治理机构的设立大大提高了欧盟各政府之间的联动效率,使之能够合力改善欧盟的大气环境质量。

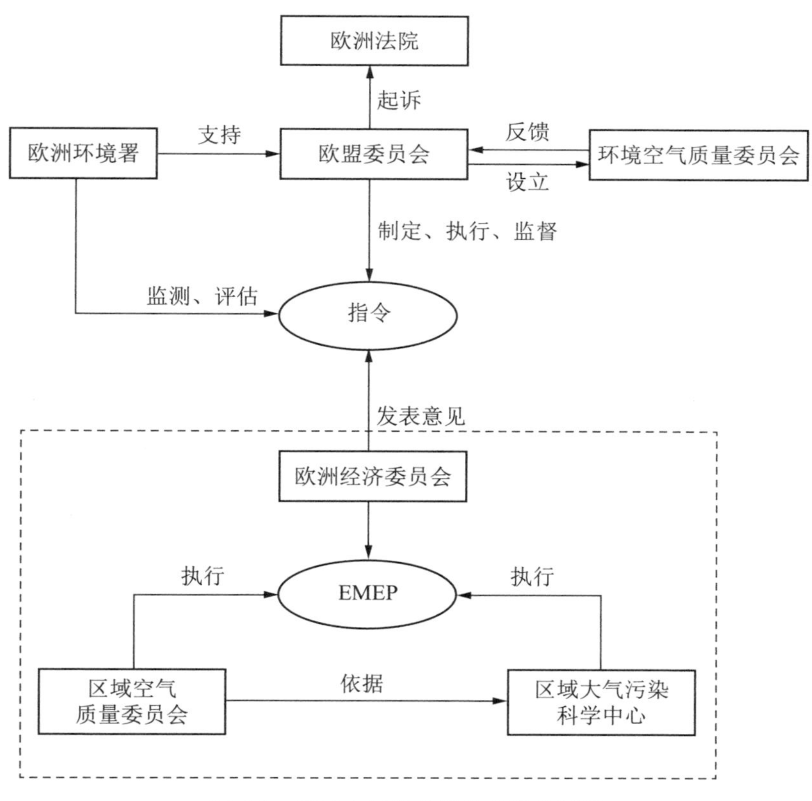

图 5-1　欧盟大气污染治理机构框架图

5. 加强大气环境监测机制建设

表 5-1　欧盟大气环境质量标准

污染物	取值时间	浓度限值
SO_2	1 h 平均	350 μg/m³
	24 h 平均	125 μg/m³
NO_2	1 h 平均	200 μg/m³
	1 年平均	40 μg/m³
PM_{10}	24 h 平均	50 μg/m³
	1 年平均	40 μg/m³
$PM_{2.5}$	1 年平均(第一阶段)	25 μg/m³
	1 年平均(第二阶段)	20 μg/m³
CO	8 h 平均	10 mg/m³
O_3	8 h 平均	120 μg/m³

资料来源:欧盟委员会官网。

2008 年欧盟发布了《环境空气质量指令》,定义了欧盟对空气质量标准的监测和评价计算方法,为各成员国获取科学可靠的空气质量数据提供了依据。大气环境质量监测点是大气环境质量检测网络建立的基本要素和重要前提,欧洲共有 7 500 多个大气环境质量监测点,由欧盟根据各成员国上报的选定监测点进行优化布设,其中 2 000 个左右能实时上传数据,按点位功能可以分为交通点、工业点、背景点 3 种,$PM_{2.5}$、PM_{10}、SO_2、NO_2、CO 和 O_3 等均是当前欧盟大气环境质量监测的主要对象(王欣,2019)。2017 年,欧盟委员会和欧洲环境署联合发布新版"空气质量指数",该指标实时收集 2 000 余个大气监测站的监测数据,并由欧盟联合研究中心(JRC)开发的"空气质量地图"进行可视化,节点颜色越深说明该地区大气污染越严重,公民可以通过欧洲环境署官网实时查阅欧洲各个国家和地区的空气质量状况。

二、欧盟大气污染协同治理结构

（一）纵向治理

欧盟作为一个地区性的国际组织，其制定的法律法规对各成员国均有约束效力，且此效力高于各成员国自身出台的相关法律法规，因此各国的大气污染治理政策法规及行动均发生在欧盟设定的大框架下，这为欧盟统筹管辖区内的大气污染防治奠定了强有力的基础。总的来说，欧盟通过一系列政策组合拳来促进各国大气污染治理行动的落实，其中指令是最主要的形式之一，各成员国需要将欧盟制定的固定污染源排放、挥发性有机化合物排放、国家排放上限等五方面指令细化为本国的具体法律政策并予以实施，从而保障欧盟大气环境治理步伐的一致性。各项指令的贯彻落实则需依靠各纵向机构的管理与协作，其中欧盟委员会承担主要的管理职责，包括参与指令的制定、推动指令的执行、监督各国的实际防治行动等，而欧洲环境署负责对大气环境状况进行监测、评估以及信息发布，并向欧盟委员会提供技术、咨询等方面的支持与协助。以《环境空气质量与清洁空气指令》为例，指令规定各成员国的空气质量状况应保持良好状况或者向好趋势，未达到空气质量目标的成员国应制订大气治理行动计划，以遵守欧盟指令规定的污染物限值，减排难度较大的特定区域则需要依据欧盟委员会为其制订的综合计划来采取减排措施。此外，指令本身虽然只起到约束功能，但其规定各成员国需要制定适用于违反指令的处罚规则，以确保指令的有效性。为了更好地进行协调管理，各成员国在行政区内划分“区”和“块”作为基本区域，每个基本区域都应有细化后的行动规划，同时欧盟委员会和欧洲环境署会对区和块内的大气质量管理情况进行监督和评价，成员国也须在规定时间内向欧盟委员会进行空气质量信息报告。

为了保障各项大气环境政策的顺利实施以及大气污染协同治理的顺利进行，欧盟会向各成员国及各国企业提供资金支持，主要来源于各项社会基金以及提供资金的计划，包括欧洲恢复和复原力基金、欧洲结构基金和投资基金、地平线欧洲计划、LIFE 计划等，欧盟委员会需要跟踪并报告资金在实施空气质量政策法规过程中的使用情况。这些资金为大气环境监测、大气环境信息共享网络建设等工作提供了重要支撑，一定程度上确保了大气污染治理与经济社会发展之间的平衡性，并促使相对落后的地区也能积极参与大气环境治理，有力地推动了区域间的协商与合作。

（二）横向治理

欧盟大气污染的横向治理主要通过各成员国之间签订的国际条约来实现，条约通常建立在平等互利的基础上，是欧盟进行大气环境联防联控治理的重要桥梁。与指令的性质不同，该类条约对各成员国并不具备强制性约束，也不会就处罚措施进行规制，而只针对签约国设定联合减排义务，具体减排方式则由签约国共同商议。《远距离越境空气污染公约》是欧盟的第一个国际公约，该公约以减排为主要目标，目的是加强各国之间的大气环境协同治理，为解决跨区域治理难题提供合作平台，此后各国继续签订了一系列国际协议，针对氮氧化物、硫氧化物、挥发性有机化合物等污染物制定了严格的减排标准（刘洁，等，2011）。各成员国和委员会有必要收集并交换空气质量信息，甚至设立共同的大气监测站以覆盖边界区域，以便更好地了解空气污染的影响并制定适当的政策。为了保证充分的知情权，各缔约国在制订或者更新国家空气污染控制计划时应与各级政府甚至公民进行协商，在其计划的实施可能影响到另一个成员国或者第三国空气质量的情况下，相关方则应进行跨境磋商。

欧盟十分重视社会参与，各成员国确保非政府组织以及公民能够充分及时地获得污染物浓度等大气质量信息，如果某项污染物超过了指令或条约中的警报阈值，各国需要采取必要步骤，通过广播、电视、报纸、互联网等渠道通知公众。各社会主体可以在欧洲环境署官网，通过欧洲城市空气质量查看器、大气污染物排放数据查看器、空气质量地图等工具，查找到欧盟各地区、各年份、各项污染物排放量或浓度的具体数值；欧洲环境署和各成员国还会向公众提供欧洲空气质量的年度报告并出版大气污染监测评估的相关刊物。此外，欧盟通过设立多个交流平台为社会主体参与大气污染联防联控提供渠道，例如欧洲清洁空气论坛汇集各国政府、区域委员会、非政府组织、科学家等利益相关者，为改善与促进清洁空气相关法规政策的立法和实施提供指导意见，零污染利益相关者平台召集农业、交通、数字化与环境等跨领域的利益相关者和专家，共同商讨解决方案以帮助实现零污染行动计划。

（三）多层级大气污染协同治理方式

大气污染普遍存在强流动性、跨区域性的特点，因此欧盟通过设立欧盟委员会、欧洲环境署等专门的跨区域机构来统筹各国的大气污染治理，使治理过程同时包含横向机构间的协作以及纵向机构间的管理，形成层次分明的协同治理体系（吴艳丽，2018）。纵向意义上，欧盟理事会、欧洲议会、欧盟委员会等跨区域机构负责各项政策法规的制定，再将其作为一种强制性的行政手段传达给各国政府以及区域委员会；横向意义上，各国政府和区域组织拥有一定的自主性，负责根据已经下达的政策法规，基于各地区的实际污染状况制定细化后的行动方案。此外，欧盟委员会和各区域协调组织负责监督执行情况并接收反馈意见，用于法规的更正及更新，这可以体现出公共部门和社会力量的合力作用。以《国家减排承诺指令》为例，它是欧盟向成员国下达的强制性指令，要求各国必须在规定时间内将指令转换为国内法，并设定自己的空气污染控制计划以限制大气污染物的排放，但控制计划中的具体减排方式可以由各成员国自行决定。

欧盟排放交易体系作为全球最大的碳排放权交易市场，是欧盟为了帮助成员国履行减排承诺而制定的一种市场手段。各成员国需要根据欧盟委员会的要求设定本国的排放上限并确定纳入交易体系的产业和企业，同时欧盟委员会兼任监管之责，如果企业的排放量超出配额，则将受到欧盟委员会的处罚。和其他总量交易体系不同，欧盟排放交易体系采用了分权化治理模式，这意味着各成员国拥有较大程度的自主决策权，例如各成员国可以在不违反欧盟指令的基础上自行确定本国的排放量上限与碳排放配置比例，再上报给欧盟进行审核。欧盟排放交易体系也体现了不同国家间的横向协同，因为各成员国都是在遵循共同规则的基础上于交易市场进行碳排放权的交易和管理。碳排放权交易市场的建立不仅可以将高污染高排放企业纳入统一的管理体系，同时激励金融机构甚至个人参与减排行动，从而推动欧盟整体大气环境得到改善。

三、欧盟大气污染协同治理的启示

（一）建立多层次的大气环境政策法规体系

欧盟的大气环境政策法规具有详细全面、可操作性强的特点，这得益于欧盟的多层次大气污染协同治理法律模式。首先，可以借鉴欧盟制定指令和条约的方式，在国家层面设定约束性的法规框架，同时给予地方政府充分的自主权，使其能够根据该地区的实际污染状况及经济发展情况，将法规转化为具体的、细化的大气环境治理计划，同时各地方政府可以就整体性的法规及彼此地方性的法规进行讨论建议，在保障法律效应的同时防止“一刀切”现象，降低治理难度并平衡各区域的大气污染治理成本。其次，需要建立跨区域的大气环境管理专设机构并赋予其相应的权利和义务，帮助具体拟定区域的大气环境治理法规，建立相应的监督机制以监管大气污染防治规划层层落实的情况，保障政策的有效执行并及时进行反馈，从而为政策的更新改进提供依据。

（二）加强推进大气环境治理的市场化手段

除了拥有完备的政策法规体系，欧盟还采取了一系列市场化治理手段，与行政化治理手段相结合，从而更好地推动大气污染的协同治理。一方面，应通过激励性的市场化手段鼓励各地方政府及企业进行大气污染治理，例如通过设立专项基金或者专项扶持计划，支持经济发展较为落后或者人口压力较大的地区采取减排措施，为积极响应大气污染治理政策法规或者智力成果显著的地区和企业提供奖励以肯定其治理行动；同时可以通过投资推动大气污染防治技术创新以及新能源转型，从而形成间接市场激励。另一方面，可以通过惩戒性的市场化手段规制各地方政府和企业的大气污染物排放行为，例如对大气污染物排放超标的地区和企业收取各类污染物税费，对违反大气污染防治法规的主体进行罚款，如有违规情况较为严重的公共及私人部门，应限制其市场或者行业准入并予以持续监管。此外，应进一步完善碳排放权交易市场的建设，优化碳配额的分配方法，将更多行业及投资主体纳入碳排放权交易市场以加强其多元化。

(三) 强化大气环境信息披露与社会主体参与

欧盟的大气环境信息披露制度已经十分成熟,能够让各社会主体及时、全面地了解大气污染的相关信息。一方面,为了增加大气环境信息的透明性,应在政策法规中规定大气环境信息的公开制度,并使社会主体能够通过多媒体多渠道免费获取大气环境信息,可以效仿欧盟在大气环境治理机构官网提供专门的查询入口。此外,应注重环境报告的定期定量产出,通过定期监测报告、评价报告、年度报告等使民众更直观地了解大气环境的变化趋势以及影响,同时能够追踪大气环境治理政策及行动最新导向,从而更好地树立民众的大气环境保护意识,并在政府与社会互信的基础上更好地促进大气污染的协同治理。另一方面,应鼓励非政府组织和公众成为监督体系中的一环,观察相关部门及机构的大气污染治理效率,为大气污染防治的政策制定以及执行提供意见和建议。

第二节 日本东京都市圈大气污染协同治理

东京都市圈(又称东京圈)是日本三大都市圈之一,实际范围包括以东京都为中心的“一都三县”,即东京都、神奈川县、千叶县、埼玉县,2021年,一都三县面积约占日本全国的3.6%,人口约占日本的22.9%。东京都市圈的发展始于日本战后的复兴阶段,其在建设之初过度依赖中心城市东京,形成了“强核极化”的空间结构,环境污染、交通拥挤等“都市病”频发(高慧智,等,2015)。为此,日本政府通过实施首都圈基本计划,主动引导东京都市圈进行优化重构,并将大气污染防治作为其整备内容之一,以解决东京都市圈的大气污染问题。

一、东京都市圈大气污染协同治理背景与内容

(一) 治理背景

第二次世界大战结束后日本的工业复兴迅速,以煤炭为主要能源进行的工业活动排放了大量的煤尘和硫氧化物,在各地造成了严重的大气污染问题和公害问题。东京都市圈作为日本最大的工业中心,煤烟粉尘的降落量位居前列且不断增加,东京的煤烟粉尘降落量平均值从 1954 年之前的 20 吨/月·平方千米增加至 1955 年的 35 吨/月·平方千米,极大地影响了周边居民的生活和健康,居民对大气污染的投诉接连不断,直接推动了日本大气污染防治相关政策和法律法规的制定,工业污染型空气污染得到稳步控制。

然而,自 20 世纪 70 年代后半期以来,日本汽车交通量急剧增加,特别是在大都市圈地区,城市与生活型空气污染成为主要问题,汽车尾气排放的大量氮氧化物和颗粒物成为主要污染物。日本东京都市圈交通网络的延伸发展和机动车数量的不断增长带来了严峻的污染问题:一方面,1987 年埼玉县、千叶县、东京都、神奈川县的 NO_2 日均浓度值分别为 0.135 mg/m^3、0.126 mg/m^3、0.117 mg/m^3、0.107 mg/m^3,除神奈川县勉强达标外,其他三地均超过了标准区间;另一方面,许多监测站的 $PM_{2.5}$ 和光化学氧化剂(O_x)的浓度也超过环境标准。

东京都市圈的光化学污染威胁仍未消除。2015—2019 年,东京都光化学氧化剂的浓度呈现上升趋势,反映了东京仍面临着光化学污染的威胁。通过加强对机动车等移动源、工厂和商业机构等固定源的治理,东京的大气环境得到了显著改善,但仍面临光化学氧化剂污染问题。2015 年,东京一度发布了光化学烟雾预警,因此,《东京都环境基本计划 2016》提出有必要进一步对导致光化学氧化剂污染

问题的氮氧化物和挥发性有机化合物的来源采取对策。

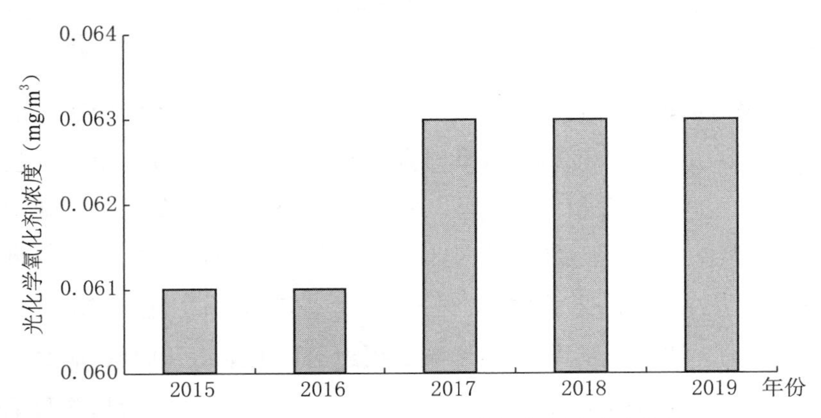

图 5-2　2015—2019 年东京都光化学氧化剂浓度变化情况

资料来源:《东京都统计年鉴 2020》。

东京都市圈 $PM_{2.5}$ 治理成效也有待进一步巩固。2010 年,东京都 $PM_{2.5}$ 年均浓度为 10.8 $\mu g/m^3$，$PM_{2.5}$ 浓度在 2001 年开始的 10 年间下降了约 55%,在全球城市中已位居前列。但东京都认为其 $PM_{2.5}$ 年均浓度在达到环境标准方面仍存在波动性,目前仅 2019 年所有测量站都达到了环保标准(即 $PM_{2.5}$ 浓度低于 15 $\mu g/m^3$),东京都开始瞄准世界上最严格的 10 $\mu g/m^3$(所有测量站的平均值)指标。虽然东京都 $PM_{2.5}$ 年均浓度在 10 $\mu g/m^3$ 左右,但从 2021 年 10 月 4 日东京都 $PM_{2.5}$ 浓度空间分布可以看出,东京都 23 区 $PM_{2.5}$ 浓度为 30 $\mu g/m^3$,说明城市大气污染治理仍面临一些挑战。此外,在估算各排放源对东京都 $PM_{2.5}$ 浓度的贡献率时发现,关东地区 6 个都道府县占 30%以上,关东地区以外占 20%左右,说明还需要开展大范围的区域协同治理。

(二) 治理内容

东京都市圈大气污染协同治理的内容非常丰富,涉及固定污染源治理、移动污染源治理、治理机构、大气环境监测体制建设等多个方面。

1. 固定污染源治理

从国家层面来看，1962 年日本颁布《关于煤烟排放规制等的法律》(《煤烟限制法》)，首次在国家层面进行大气污染立法。该法规定，只有通过申请批准的煤烟生产设施才可以运行，还设定了相关民事纠纷的和解中介制度以及对于违反者的行政处罚和刑事制裁措施。1968 年，日本制定《大气污染防止法》，对《煤烟限制法》的不足之处进行了修订，增加了从可预防的角度进行管控的内容，实现了排放标准的合理化(即 K 值限制)，并在之后的修订版中引入氮氧化物的总量控制制度，率先在东京都、神奈川县、大阪市等地区实施。

从都市圈层面来看，日本都市圈最早的大气污染防治政策是针对固定污染源制定的。东京都于 1949 年制定《工厂公害防止条例》，该条例要求工厂在新建或扩建前必须呈报，不符合条件的工厂需采取预防造成公害的措施，神奈川县随之于 1951 年制定《工地公害防止条例》。1955 年，东京都制定《煤烟防止条例》，该条例推动了 1962 年国家层面《关于煤烟排放规制等的法律》的出台，首次设定了煤烟排放标准，规定了由煤烟造成的大气污染程度的科学指标与方法——林格曼烟气浓度图(Ringelmann Chart)，并对企业遵守排放标准的义务以及违反标准的行政惩罚做出了规定。1969 年，《东京都公害防止条例》引入集尘装置，以解决都市圈内产生于固定污染源的大气污染问题。

2. 移动污染源治理

从国家层面来看，1968 年，《大气污染防止法》规定了机动车尾气容许排放的限值，使该法具备了全面防控大气污染的综合性法律性质，并明确都道府县有权在机动车尾气超标时进行交通规制。1974 年，日本出台《机动车排出废气量的容许制度》，对不同种类的汽车设定了明确且严格的排放标准，到 2001 年止该法规前后共修改 18 次。1992 年，日本制定《机动车 NO_x 法》，规定在特定区域内设定氮氧化物（NO_x）排放标准，禁止使用尾气排放不达标的卡车、公共汽车等机动车辆。2001 年，日本政府针对颗粒物（PM）将该法修订为《机动车 NO_x · PM 法》，同时将 NO_x 和 PM 纳入规制范围。2003 年，日本首次专门针对 $PM_{2.5}$ 及以下颗粒物的排放出台法令，其严格程度甚至比欧美更甚。2006 年，日本首次针对非道路移动特殊车辆制定《关于特定特殊机动车尾气规制的法律》，明确了特殊机动车的定义以及申报流程，并制定相关处罚条例，以控制非道路移动特殊车辆的尾气排放。

从都市圈层面来看，1971 年，东京都市圈对机动车的排放标准进行规定，扩大了汽车尾气排放限制的污染物质规定范围，包括 CO、NO_x、PM 等。1992 年，制定《特定汽车排除标准》，设立单一的汽车限制以解决东京的交通污染问题。1999 年，东京都启动“NO 柴油车战略”，对不合格的柴油车进行管制。2000 年，东京都制定出日本第一个尾气排放法规《环境确保条例》，先于国家对不符合 PM 排放标准的柴油车进行禁行规制，随后东京都市圈的其他三县都于 2001 年至 2002 年期间制定了相同的条例，并于 2003 年在整个都市圈范围内先于国家予以实施。

3. *治理机构*

从国家层面来看，1971 年 7 月，为解决环境保护和公害防止过程中管理不力的问题，日本政府正式成立了国家环境厅，以统筹指导国家的环境保护相关工作。2001年环境厅正式升级为环境省，由多个部局分管推动相应的环境政策，其中主要负责气候变化事务的为地球环境局，出台的政策中涉及大气污染对策的包括环境影响评价、大气环境与机动车对策、化学物质对策等领域。中央环境审议会专门委员会为环境省下设的决策咨询机构，由专家学者、已退休的中央和地方政府官员与来自企业、市民及非政府组织的代表组成，每年不定期地举行会议，围绕不同的环境问题展开探讨。中央环境审议会专门委员会下设若干小组委员会，其中空气质量、噪声和振动小组委员会专门负责大气环境相关事项的讨论，具体内容包括大气污染的状况、相关法律法规及政策的实施情况、相关对策的出台等。

从都市圈层面来看，中心城市的人口和功能聚集为都市圈带来产业发展和科技进步等积极转变，同时产生了包括环境恶化在内的各种消极影响，且其逐渐呈现出跨行政区域、覆盖都市圈大部分区域的特征，仅仅靠个别地区无法有效解决这些跨地域范围的问题，因此，各都、县、市意识到有必要采取协调一致的行动，联手解决东京都市圈的广域问题。基于此背景，东京都、埼玉县、千叶县、神奈川县、横滨市和川崎市于1979年成立六都县市首脑会议，并随着千叶市、埼玉市和相模原市的加入，最终于2010年成立九都县市首脑会议（又称“首都圈首脑会议”）。该机构下设环境问题对策委员会，目的是共同营造舒适的地域环境，为保护环境做出贡献。其中，九都县市青空网络是该委员会下的大气保护专门部会，主要目的是减少大气中的O_x、$PM_{2.5}$和NO_x。除此之外，一都三县公害防止协会、神奈川县公害防止推进协议会、九都县市大气保护专门会议O_x、PM工作组等机构都为东京都市圈区域大气环境联防联控工作的推进起到了重要作用。

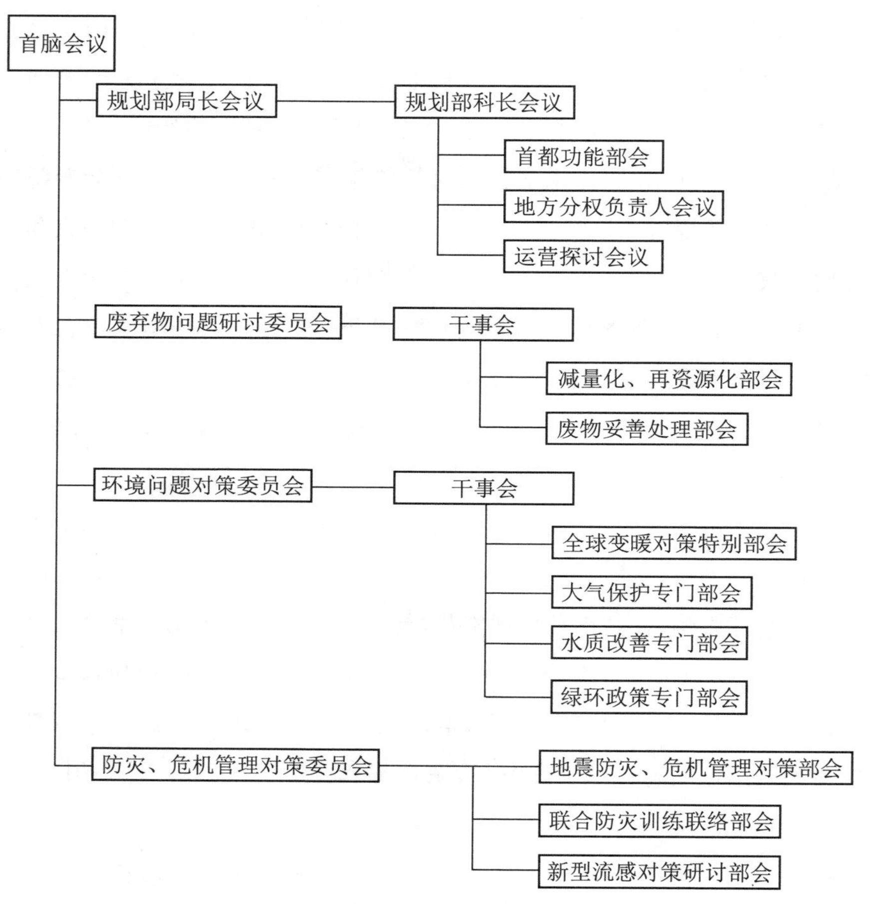

图 5-3　九都县市首脑会议的组织架构

资料来源:九都县市首脑会议官网。

表 5-2　东京都市圈主要区域合作会议一览

名　称	构　成
九都县市首脑会议环境问题对策委员会(1989 年设置)	埼玉县、千叶县、东京都、神奈川县、横滨市、川崎市、千叶市、埼玉市、相模原市

续表

名 称	构 成
九都县市首脑会议废弃物问题研讨委员会(1986年设置)	埼玉县、千叶县、东京都、神奈川县、横滨市、川崎市、千叶市、埼玉市、相模原市
大都市环境保全主管局长会议(1969年设置)	札幌市、仙台市、千叶市、埼玉市、东京都、川崎市、横滨市、相模原市、新潟市、静冈市、滨松市、名古屋市、京都市、大阪市、堺市、神户市、冈山市、广岛市、北九州市、福冈市、熊本市
大都市清扫事业协议会(1978年设置)	札幌市、仙台市、千叶市、埼玉市、特别区、东京都、川崎市、横滨市、相模原市、新潟市、静冈市、滨松市、名古屋市、京都市、大阪市、堺市、神户市、冈山市、广岛市、北九州市、福冈市、熊本市

资料来源:《东京都环境白皮书2020》。

4. 大气环境监测体制建设

日本的大气污染持续自动监测始于20世纪70年代,在大气污染防止法中规定由都道府县知事等负责实施,共设有两个类型的空气质量监测机构,包括负责监测各地区大气污染整体状况的一般排放源大气环境测量局(简称“一般局”)和负责监测汽车尾气的汽车尾气排放监测局(简称“自排局”)(丁红卫,等,2019)。2003年,根据测定项目的不同,日本设置了全国范围内的大气污染恒定监测站数(即有效测定站数),这些监测站的实时测量结果作为环境省大气污染物广域监测系统(Soramame-kun)在互联网上公布。日本自20世纪70年代开始就以环境标准规定的大气污染物为中心进行持续自动监测。每小时的速报值在“蚕豆君”(环境省大气污染物广域监测系统)上实时公布,包括环境标准达标情况在内的全年测定结果,也会在环境省网站上以“大气污染状况”的形式予以公布。

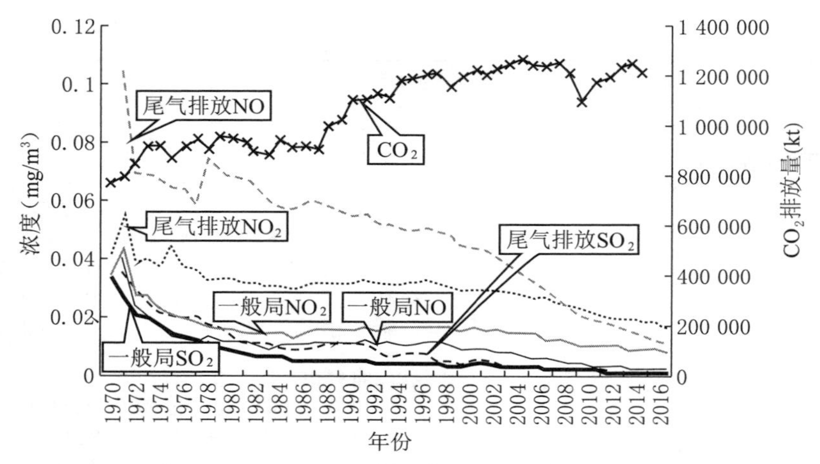

图 5-4 1970—2016 年日本的大气污染监测结果

资料来源:丁红卫,等(2019)。

截至 2018 年,东京市政府在东京的 82 个地点安装了空气污染监测设备,这些空气监测站分为两类:一类是安装在居民区,测量一般空气的环境空气监测站;另一类是安装在主要街道或十字路口旁,

表 5-3 东京 1974 年与 2017 年大气污染监测结果比较

污染物	排放标准制定年份	FY1974 成果*1	FY1974 平均浓度	FY2017 成果*1	FY2017 平均浓度
SO_2	1973	10/19(53%)*2	0.049 mg/m³	20/20(100%)	0.003 mg/m³
CO	1973	17/17(100%)*2	2.05 mg/m³	11/11(100%)	0.228 mg/m³
SPM	1973	0/19(0%)*2	0.085 mg/m³	47/47(100%)	0.017 mg/m³
O_3	1973	0/19(0%)*2	0.057 mg/m³	0/41(0%)	0.063 mg/m³
NO_2	1978	10/35(29%)	0.064 mg/m³	44/44(100%)	0.018 mg/m³
$PM_{2.5}$	2009	2/16(13%)*3	15.7 μg/m³	41/47(87%)	12.8 μg/m³

*1 符合标准的环境空气监测站的数量/拥有有效结果的环境空气监测站的数量。

*2 1974 年数据。

*3 2011 年数据。

资料来源:根据东京都环境局数据整理。

以确定汽车排放影响的路边空气污染监测站。这些监测站全天24小时连续监测东京的空气质量，测量值每小时在环境局网站的空气污染图上进行一次更新。

二、东京都市圈大气污染协同治理结构

（一）纵向治理

日本中央政府对东京都市圈的大气污染治理影响主要体现在法律法规与政策的制定方面。国家层面通过颁布相关法律法规和政策，严格规定各种污染物的排放标准，引导地方自治体对大气污染防治对策做出相应的规定，企业、公众再遵循这些规定开展活动。以移动污染源的治理为例，以东京都市圈为中心的关东地区机动车尾气污染影响严重，日本制定《机动车 NO_x · PM 法》，规定在此特定区域内设定严格的 NO_x 和 PM 排放标准与总量控制计划，禁止使用尾气排放不达标的机动车辆。在此基础上，东京都政府也出台了相应的尾气排放法规，其他三县紧随其后，开始在都市圈范围内实施《关东地区柴油车辆管控条例》，对不符合条例规定排放标准的柴油车采取交通限行措施。为确保相关法规和条例的有效执行，东京都市圈的各地方政府通过宣传活动等方式积极鼓励企业对不符合条件的车辆进行改造或淘汰，为响应严格的管控要求，老旧柴油车车主也必须将柴油车更换为符合标准的环保车，或为车辆加装尾气净化装置以减少污染物的排放（森川多津子，2018）。

除了法律法规和政策的传导以外，政府可以通过申报审查制度对企业的行为进行管制。其中，《大气污染防止法》和地方条例都明确规定了针对企业制定的事前申报审查和排放申报审查制度，如企业违反这些申报制度，或者虚报瞒报，政府可以对其处以行政或刑事

表 5-4　日本大气环境质量标准

污染物	取值时间	浓度限值
SO_2	1 h 平均	0.262 mg/m^3
	24 h 平均	0.105 mg/m^3
CO	8 h 平均	22.8 mg/m^3
	24 h 平均	11.4 mg/m^3
SPM(粒径<10 μm)	1 h 平均	0.2 mg/m^3
	24 h 平均	0.1 mg/m^3
$PM_{2.5}$	24 h 平均	35 μg/m^3
	1 年平均	15 μg/m^3
NO_2	24 h 平均	0.075—0.113 mg/m^3
O_x	1 h 平均	0.117 mg/m^3

资料来源:根据日本环境省数据整理。

处罚(黄锦龙,2013),并迫使不达标准企业及制造商停产退市或转向环保型产业。另外,政府通过制定严格的排放污染物规制范围和标准值,倒逼相关企业加大研发力度,不断提升其技术水平以适应市场需求,增强市场竞争力。作为重要的工业地带,东京都市圈的企业开发了多种技术来去除烟尘及烟雾产生设施(如锅炉)和粉尘产生设施(如焦炭炉)排放的空气污染物,主要包括除尘、烟气脱硫、重油脱硫和排烟脱硝,同时开发了很多有关大气污染监测、污染物对人体的毒理分析等技术。此外,都市圈的地方政府可以通过激励性的经济手段为企业提供支持,例如,千叶县政府为引进天然气汽车和混合动力汽车等低排放车辆的企业提供部分引进费用的补贴,其中对天然气卡车和混合动力卡车的补贴标准是每辆 30 万日元,而对天然气巴士的补贴达到每台 200 万日元,极大地推动了企业对于环保车型的研发以及推广应用。

政府对于公众的影响主要体现在对其环境教育的重视性。自

20世纪80年代大气污染向城市与生活型污染转变，政府深刻认识到公众对于维持环境保护可持续发展的重要性，并从大气环境保护的初始就一直重视对公众环保意识的培养。2003年日本政府颁布《环境教育推进法》，促使公众积极地参与到环境保护的实践中（武敏，2010）。除了以国家立法的形式，政府还通过学校教育、社会活动、传播媒介等方式进行宣传、监督，并对环境相关的课题讲座等予以资金支持，这种持续的环境教育有助于形成浓厚的社会环保舆论氛围。

（二）横向治理

东京都市圈大气污染协同治理机制多由地方政府自发组织的“地方政府协会”等非法定机构主导，并无实际的规制、监管或行政权力。这些协会通常由来自成员城市的市长和高级官员组成，定期的会面为都市圈成员城市提供了政策交流和促进自愿合作的平台。前文提到的“九都县市首脑会议”便是东京都市圈地方政府以协同发展为目的的自发组建的最重要的协商治理机制，会议每年召开两次，由九都县市轮流主办，各级政府领导出席。该会议作为东京都市圈主要的协同机制，在灾害治理、环境治理、基础设施建设、经济发展等领域，都发挥了重要的作用。为了更好地改善东京都市圈的区域大气环境，会议下设九都县市青空网络作为大气保护专门部会，在各级政府的协商之下，东京都市圈创建了专门的VOCs排放清单，并且设置了低排放车辆指定系统以及认定程序，使得都市圈地区环保车型的普及率逐年稳步上升。

地方政府与企业之间可以直接签订“公害防止协定”，通过共同约定并遵守的书面协议展开大气污染防治工作。1968年，东京都政府和东京电力公司签订了“公害防止协定”《关于发电厂公害防止的备忘录》，要求该公司在建设发电厂时使用含硫量低的原油（王琦，等,2018),这是地方政府携手企业应对东京都大气污染的代表性案例。同时,企业通过自身对节能技术和产品的研发与推广,自觉承担起了大气环境治理的责任,例如东京都市圈的汽车制造商积极生产天然气汽车以及新能源汽车,明显改善了当地汽车尾气造成的大气污染情况。此外,东京都市圈的大型企业之间采取互相持有对方股份的企业发展战略,这种独特的战略使得企业间形成了利益共同体,个别企业的大气环保措施会发挥示范效应,加上日本特殊的“企业公害防止管理员”制度,企业可以建立各自的内部污染防治机制,使得治理更加有效。

公众关于改善大气污染情况的申诉是日本开始制定相关政策法规的直接因素,其讨论意见也被纳入政策的制定过程,对相关政策的制定发挥着积极的作用。在由公众团体提起的大气污染诉讼中,最有影响力的是东京大气污染诉讼案件,由此确立的法律原则对于大气污染控制立法的修订和补充起到了重要的作用,并催生了具有日本特色的受害者救济制度。就环境检测来说,公众作为最广泛的社会力量,可以对当地政府和企业的大气环境治理工作进行监督和反馈,向环境管理者反映出新的环境问题,起到查漏补缺的作用。

(三)东京都市圈大气污染协同治理结构特征

1. 地方自主协同型治理

日本的大气污染治理主要表现为地方主导与自主型的治理模式。一方面,地方政府往往根据中央出台的大气污染防治政策和排放标准来制定地方政策和标准,此外地方政府需根据国家层面的立法进行持续监测与指导,监测环境达标情况,并向社会提供相关信息。另一方面,地方政府的自主性较强,可以根据各管辖区域范围的实际情况,因地制宜地制定大气污染的相关政策,针对当地的大气污染问题提供解决方案，甚至先于国家层面出台有关法律条例并制定严于国家的排放标准和总量控制指标。从都市圈层面来说，东京都市圈“一都三县”的大气污染治理措施较为同步，不仅建立了区域大气污染联防联控机构，而且政策出台步伐一致，通常是在东京都的先导作用下制定出一脉相承的法律条例，甚至先于国家层面实施相关政策，推进了东京都市圈大气污染治理整体水平的提升，且对其他城市起到较好的辐射示范效应。

2. 政府与企业协同发力

政府重点控制对大气环境影响大、社会责任重大的排放源，而其他排放源则更多发挥自身作用，由企业各自运用其经验和技术，开展符合企业自身情况的污染治理活动，提高企业治理积极性。一方面，政府严格的监管和执行力度是大气污染排放相关政策法规得到有效实施的保障，迫使不达标企业及制造商退市或转向环保型产业。政府为企业提供稳定充足的资金支持，例如对公交公司购入天然气公交汽车提供专项资金补贴，并对配套基础设施如天然气加油站等出台税收优惠政策（李韩非，等，2020），这种经济手段在一定程度上推动了企业的技术创新。另一方面，企业能够自觉承担起大气环境治理的责任。东京都市圈的企业自身对节能技术及产品的研发和推广，促进了可再生能源的广泛利用，提高了环保产品的多样性和市场占有率。为向知识密集型“高精尖新”企业转型，企业自发投入大量资金以实现产业与能源结构升级以及清洁技术创新，从源头上减少了大气污染的产生。

为此，日本制定了两个特殊的举措来推进大气污染的协同治理，一个是地方政府与当地企业之间制定的“公害防止协定”，另一个是企业内部建立的“企业公害防止管理员”制度。“公害防止协定”是地方政府和当地企业在相互协商的基础上签订的污染预防协议，通常在新企业成立时缔结。协议的内容主要是结合当地的实际情况，对现有法律法规尚未涉及或明晰之处进行补充，为政府和企业间的协同治理起到了很好的指导作用。"企业公害防止管理员"是企业内部的一种防治监督机制，启用通过资格考试的专业人员，对企业排放的污染物进行监测、记录、整理并上报（红光，2006），严格的资质认定以及法律约束为该机制的实施提供了保障，对企业开展公害防治起到了重要的作用。

三、东京都市圈大气污染协同治理的启示

（一）建立灵活有效的区域联防联控机制

有效的协调治理机制能够提高资源利用效率，避免各行政区域间的无序竞争，也可以激发各地方政府主动寻求合作的积极性。为此，既要通过常态化顶层协调和立法保障，为各区域的合作打下基础，又要设立跨区域跨部门的联合协同治理机构，使之成为中央层面和地方层面之间的稳定器，在更好地传导各项政策的同时，为区域间提供交流讨论的平台。在设立机构时要明确机构内部的管理结构及各部门负责的分管领域，避免职能的重叠或缺失，使大气环境的协同治理工作更加清晰有效率；同时要在统一区域大气环境标准的基础上建立相互连接的环境监测站及监管系统，与大数据等技术相结合，在机构官网实时更新监测与监管的结果，完善环境监测和环境监督网络建设。

（二）充分发挥各级政府主体决策参与作用

大气污染的发生往往带有明显的区域性特点，污染问题的解决离不开"自上而下"和"自下而上"的决策参与机制，从东京都市圈的

大气环境治理历程可以看出：一方面，国家层面给予地方政府相关的政策和资金支持，以激发地方政府自治及联合周边政府进行协同共治的积极性和主动性，甚至先于国家层面制定创新性的治理制度和治理方式，这有利于中央和地方间政策法规的相互促进和互补，最终建立健全政策体系。另一方面，地方政府对法律法规和政策的制定与更新起到了不可替代的作用。应给予地方政府更多的自主权，鼓励其在遵守国家法律法规的前提下，结合各自区域的大气环境实际状况对当地的大气环境治理工作进行规划，对治理的基本原则、基本制度以及权利义务等内容进行明确，统筹当地大气污染治理工作。

（三）构建多元主体间的沟通渠道

大气环境区域协同治理是一个跨域问题，需要建立多元主体的沟通渠道，以保证协同的及时性和有效性。在政府、企业与公众之间，要勇于打破传统的政府单方面规制风险的模式，加强企业和公众的参与能力，这就需要完善信息发布渠道，最大程度保证社会主体的知情权，同时为其提供反馈渠道。日本在环境治理过程中建立了审议和咨询制度，将多元主体纳入审议和咨询机构的代表团，使其成为各主体间交流的桥梁和纽带，双向传递信息。此外，要疏通政府与市场之间的合作通道，如建立“公害防止协定”之类的缔结合同，使政府和企业可以平等地根据合同进行协同治理，公众也可以参与其中进行监督，以此激发企业以及其他社会主体在区域大气污染防控上的积极性。

（四）强化技术赋能在协同治理中的应用

在治理大气污染过程中，日本结合“科技兴国”战略，研发了多种具有竞争力的大气污染治理相关技术，为污染排放标准的制定以及污染物的浓度监测等提供了坚实的技术保障，这些技术甚至形成了巨大的产业链,同时实现了巨大的环境效益和经济效益,因此要鼓励相关企业和制造商研发并广泛采用先进的绿色生产及减排技术。一方面,政府可以出台相关利好政策,与企业展开积极密切的合作,共同进行新技术的研发,并为此提供研发补贴或奖励金等形式的财政支持;另一方面,区域间要实现污染减排技术的互联互通,带动各地整体的减污降碳协同化,共同改善大气环境状况(贾品荣,2020)。

第三节　英国伦敦都市圈大气污染协同治理

伦敦作为最早开始工业化和城市化的城市,很快便走上了都市圈建设的道路,伦敦都市圈是欧洲乃至世界最具代表性的都市圈之一。从狭义来看,伦敦都市圈是指包含伦敦市和32个伦敦自治市在内的33个行政区,也即大伦敦地区。从广义来看,伦敦都市圈则是以“伦敦-利物浦”为轴线,包括大伦敦、伯明翰、谢菲尔德、曼彻斯特、利物浦数个大城市和诸多小城镇在内的区域。伦敦都市圈的发展始于20世纪30年代,基本形成于20世纪70年代,《伦敦规划2016》进一步将伦敦都市圈明确为以伦敦中心城为圆心,60英里(约合96.56千米)为半径,覆盖英格兰广袤的东部及东南部的区域,因而又被称为泛东南区域。纵观伦敦都市圈的发展史,城市发展问题始终是推动伦敦都市圈发展的原始驱动力。而大气污染问题是伦敦都市圈最先遭受、影响最大的环境污染问题之一,考虑到大气污染本身的扩散性和城市发展一体化的趋势性,伦敦都市圈在推动大气污染协同治理、实现健康可持续发展的道路上也不断探索出独具特色的都市圈治理模式,实现了从“伦敦烟雾事件”到“最清洁的空气”的转变。

一、伦敦都市圈大气污染协同治理背景

1952 年 12 月 5 日至 12 月 9 日，伦敦上空受反气旋影响，大量工厂生产和居民燃煤取暖排出的废气难以扩散，积聚在城市上空。持续不散的浓雾造成交通瘫痪，影响正常的生产生活，长时间暴露在有毒气体中也使得许多市民出现胸闷、窒息、眼睛刺痛等不适感，哮喘、咳嗽等呼吸道疾病的发病率明显增多，同时伦敦市民的死亡率陡增。据统计，当月因这场大烟雾而丧命的人数多达 4 000 人，更不谈其对健康的长期危害。实际上，1952 年的这场烟雾并非伦敦第一次遭受烟雾侵扰，自 19 世纪末期工业革命兴起以来，由于大城市燃煤量的骤增，煤炭燃烧所释放的二氧化碳、一氧化碳、二氧化硫、二氧化氮等大气污染物也急剧增加，最终附着在城市工业活动产生的烟尘中。可以说，伦敦雾霾随着英国工业化进程的推进而不断加剧，其持续时间之长、危害程度之深使伦敦雾霾围城现象长达百年之久（吴洋，2020），以伦敦为首的英国各大城市均不同程度地承受着大气污染问题带来的严重后果。作为 20 世纪十大环境公害事件之一，“伦敦烟雾事件”的恶劣影响给伦敦乃至英国政府敲响了大气污染治理的警钟，伦敦都市圈的大气污染治理由此不断深入，规范化程度不断提高。

伦敦雾霾治理主要依靠早期环保人士的抗烟运动和王室成员的控烟行动。英国著名法案《制碱法》的颁布在某种程度上加大了对空气污染大户制碱业的监管力度。《比弗报告》中设置无烟区、使用清洁能源、更换清洁设备等提议也为《清洁空气法案》的颁布奠定基础。同时，伊丽莎白一世也通过监禁伦敦十几个主要污染人，表明对空气污染的反对态度。尽管上述手段具有自上而下和自下而上相结合的性质，但存在一定的局限性，无法彻底解决雾霾问题，最终导致了空

气污染愈演愈烈。直到 1956 年,英国出台了世界上第一部全面防治空气污染的综合性法案《清洁空气法案》,通过支柱性法律文件的颁布,包括伦敦都市圈在内的英国空气质量才得以不断改善。在全国性大气污染治理运动的背景下,伦敦都市圈煤烟型污染排放问题在很大程度上得到解决,大气中的苯、铅、二氧化硫的浓度有了历史性的下降,"大烟雾"时期已然走远,但这并不意味着伦敦空气污染问题已经得到了彻底解决。

20 世纪 80 年代,随着生活水平的提高和技术的进步,汽车作为生活必需品,俨然成为当时的主要交通工具。但是,燃油汽车在使用过程中会有大量的一氧化碳、碳氢化合物、氮氧化合物、二氧化硫、二氧化氮、烟尘微粒等污染物通过汽车尾气排放到大气中。尤其是当时使用的汽油还是含铅汽油,这导致无色无味的窒息性有毒气体一氧化碳含量最高。此外,氮氧化合物虽然含量少但毒性大,不仅会增加慢性呼吸道疾病的发病率,损害肺功能,还会与碳氢化合物在阳光作用下发生化学反应,生成臭氧并进一步和大气中的其他成分结合成光化学烟雾,这同样也会刺激气管和肺部,引起慢性呼吸系统疾病。汽车尾气污染成为伦敦都市圈新的大气污染治理课题。1993 年,英国规定所有新车必须加装催化剂以减少氮氧化合物污染,同时逐步推广无铅汽油以取代有毒的有铅汽油。20 世纪末以来,伦敦都市圈空气中的一氧化碳、二氧化硫和氮氧化合物含量急剧下降,在 2002 年之后稳定保持在不影响人类身体健康的水平。然而,汽车尾气排放所带来的空气质量问题还有待进一步解决,颗粒物($PM_{2.5}$、PM_{10})和二氧化氮取代烟尘、二氧化硫等成为伦敦空气的主要污染物。

2008 年,伦敦约有 4 300 人因长期接触细小颗粒物而过早死亡。

2013 年，约有 190 万的伦敦居民（占伦敦总人口的 23%）生活在二氧化氮平均浓度超过欧盟最低限度的地区，而高浓度的二氧化氮会使得呼吸道发炎，长期暴露于其中会影响肺功能并加重哮喘。空气中的细小颗粒物更是能直接深入肺部，危害心脏甚至导致死亡。伦敦国王学院的研究显示，2015 年，伦敦地区约有 5 900 例与二氧化氮长期暴露相关的过早死亡。与此同时，因长期接触 $PM_{2.5}$ 而过早死亡的人数已从 4 300 人（2008 年，基于 2006 年 $PM_{2.5}$ 浓度）下降到 3 500 人（2010 年）。《伦敦环境战略规划》指出，当前伦敦大气中的二氧化氮主要产生于化石燃料的燃烧，而颗粒物则源于汽车轮胎和刹车磨损、建筑活动以及木材燃烧。

此外，颗粒物在空气中难以被净化，更容易随着大气运动而扩散到其他地区。当前，伦敦主要大气污染物的污染源有 48% 来自伦敦以外地区（包括工业、农业以及交通排放）。这意味着，即便伦敦当地的污染源全部被清除，与健康有关的空气污染的影响仍然存在。燃油车的普及不仅改变了伦敦都市圈的大气污染物结构，也使得大气污染的跨域属性更加明显。随着城市边界日益模糊，都市圈内各城市的联系日益密切，净化空气的挑战迫切需要区域间的协同治理。伦敦战略规划《伦敦规划 2021》中就明确指出伦敦市政府、大伦敦政府当局以及其他相关机构（特别是自治市镇和地方伙伴关系机构）应积极地与东部和东南部的地方当局、合作伙伴与机构展开合作，以确保更广泛的大伦敦都市区的可持续发展。

二、伦敦都市圈大气污染协同治理措施

（一）以国家层面的法律法规和战略规划为体系支柱

国家层面法律法规和战略规划的权威性与全面性对伦敦都市圈

成功治霾起到了举足轻重的作用，能够自上而下地确保各地区参与大气污染治理的积极性，并有效发挥区域之间的合力。

对于侵扰伦敦都市圈百年之久的煤烟污染，1956 年颁布的全国性《清洁空气法案》第 32 条明确规定，此法案适用于伦敦，确定了空气污染治理的合法性和必要性。法案从工业和民用两个方面入手，通过调整工业布局、废止燃煤等方式，从源头入手以解决燃煤带来的煤烟污染问题。据统计，法案实施后，伦敦空气中的硫含量下降了 90%。法案通过后的 10 年间，伦敦地区家庭烟尘排放量就下降了 76%，工业烟尘排放量则减少了 74%。随后，在 1968 年和 1974 年，英国又相继颁布了新的《清洁空气法案》和《空气污染控制法案》，进一步对工业用煤、工业燃料和民用燃具进行限制，并赋予负责大气污染治理有关部门部长更多的权限。1975 年，伦敦的雾日减少到 15 天，1980 年降到 5 天，伦敦都市圈的煤烟污染问题得以基本解决。

对于 20 世纪 80 年代愈演愈烈的汽车尾气污染，英国政府同样从法律和规划层面对伦敦都市圈的空气污染治理做出明确的引导和要求。1990 年、1991 年和 1993 年，《环境保护法案》、《道路车辆监管法》和新的《清洁空气法案》先后出台，有针对性地对汽车尾气污染进行治理。1995 年，《环境法案》出台，明确要求制定全国性的污染治理战略，并详细确定了一氧化碳、氮氧化合物、二氧化硫等 8 种常见污染物的排放量。法案还进一步要求，不达标地区的地方政府必须划出空气质量管辖区域，并制定有效措施，在规定的期限内达到相关标准。

1997 年，英国发布国家空气质量战略（The UK National Air Quality Strategy, NAQS），并以此为依据建立地方空气质量管理（Local Air Quality Management）体系，在此基础上，英国形成以中央政府顶层设计为出发点、以地方政府为延伸的流程化治理模式。中央政府负责空气质量标准和监督管理标准的制定，地方政府作为实施主体，划定空气质量管理区（Air Quality Management Areas, AQMA）并定期向中央政府提交年度状况报告（Annual Status Report, ASR），对于大气质量不合格的情况，则需要在规定时间内完成污染评估并制订治理行动计划。

此外，英国议会就政府间的跨域协同提供了一定程度上的法制保障。1999年《大伦敦政府法》要求，在所有涉及伦敦规划或发展以及毗邻伦敦地区的共同利益事项上，大伦敦市长必须向这些地区的地方规划当局通报其看法或主张。2004年的《强制性采购法案》第19条则明确：如果地方政府位于大伦敦空间范围内或地方政府所辖区中的任何一部分与大伦敦毗邻，该地方都要考虑或顾及大伦敦空间发展战略（伦敦规划）。2011年的《地方主义法案》的第6部分第110条特别规定，各地方政府在与可持续发展相关的规划方面负有合作的义务。这就从法律层面为伦敦都市圈各行政主体开展大气污染合作治理提供了保障。

（二）以跨区域的协商制度和协调管理机构为战略支撑

20世纪80年代以来，移动污染源成为大气污染物的主要污染源，区域间大气污染的联防联控成为有效治理大气污染的关键。尽管此前有关法律法规对伦敦都市圈各区域的合作提供了法律支持，但伦敦都市圈区域协同治理的制度设计和组织架构也是在21世纪以来才得到不断完善，为解决跨区域大气污染问题提供了有效的战略支撑。

2012年10月，大伦敦市长发布《大伦敦跨域战略规划》征求意见稿，邀请伦敦都市圈空间范围内的各市区政府和次区域合作伙伴、大伦敦地方政府协会以及跟大伦敦毗邻的各郡政府规划机构、其他相关组织，主要探讨伦敦都市圈的战略规划合作问题。2014 年，伦敦都市圈“战略规划联络专员工作小组”（SSPOLG）成立，将区域间环境基础设施等作为重要的商讨内容，伦敦都市圈协同治理自此有了官方性的制度安排机制。SSPOLG 的成立深化了大伦敦地区与东部、东南部的合作，伦敦都市圈各地的政府借此展开了多次协商交流活动，为区域性协同治理提供了极大的便利。

从都市圈层面来看，2015 年第二届伦敦都市圈地方政府峰会讨论形成了伦敦都市圈协同治理的 4 项综合工作机制：第一，召开伦敦都市圈地方政府峰会。该峰会由英格兰东部地方政府协会主席、英格兰东南部地方政府理事会主席、大伦敦市长负责召集，一般是每年一次，必要时可增加频次。峰会的主要任务是：为峰会下辖的常任性政治领导小组活动提供战略指引并授权，听取政治领导小组的工作汇报，确定下次峰会召开时间。第二，成立伦敦都市圈政治领导小组。人数 15 人，由英格兰东部地方政府协会、英格兰东南部地方政府理事会和大伦敦市长各提名 5 人，设主席 1 人，轮流担任，每年开会 2—3 次。政治领导小组的主要职能是更具体地处理峰会确认的重大事项，发起、指导和共商泛东南区域跨区域性的战略合作活动，寻求接触和共同行动的机会。第三，设立战略空间规划官员联络小组。该小组主要职责是为伦敦都市圈政治领导小组和伦敦都市圈地方政府峰会提供服务，包括告知各方政治领导小组的战略安排，为政治领导小组安排会期、准备会议议程、协同推进政治领导小组交办的事项，为协同工作提供战略性技术支持，向地方政府发布会议成果和工作成效信息。联络小组由 18 名跨域高级官员组成，每年至少召开会议 4 次。第四，建立伦敦都市圈跨域协同治理网站。大伦敦市长、伦敦地方政府理事会、英格兰东南部地方政府理事会、英格兰东部地方政府协会共同在大伦敦官网上开辟专门的跨域协同治理网站——泛东南区域政策和基础设施协同网，发布相关法律、政策、峰会会议文件、新闻等。伦敦都市圈协同治理机制通过设计并成立区域领导小组，为区域间开展大气污染联防联控提供了组织保障，并通过定期开展区域地方政府峰会等形式为区域间的合作搭建起必要的桥梁。

从城市区域内部来看，伦敦地方空气质量管理（LLAQM）框架是大伦敦地方当局用于审查和改善其区域内空气质量的法定程序。2019 年 3 月，大伦敦政府就 LLAQM 的一系列更新和改进咨询了各区，并于 2019 年发布了新的 LLAQM。管理框架的更新有助于确保空气质量改善行动在更低一级的行政区域得到更多的协调和支持，以确保伦敦环境战略目标的实现。同时，鼓励伦敦自治市镇即便空气污染物已经达到法律规定的限制要求，仍然要向实现世界卫生组织对污染物的安全限制目标而继续努力。同时，作为 LLAQM 的一部分，所有伦敦行政区都必须提交年度状况报告（ASR）。此外，为了确保各战略政策之间的协调，本次更新还确保了市长战略——“更清洁的空气”与新的 LLAQM 优先事项保持一致。区域内部更低一级行政单位与区域政府的协调行动，以及区域内部各规划政策之间的协调一致，在极大程度上确保了区域间协同治理成效得以真正贯彻落实。

（三）以广泛的社会参与为重要驱动力

从伦敦都市圈大气污染协同治理的发展脉络来看，环保人士及环保组织发挥了不可替代的作用。尤其是在 20 世纪中后期，正是在众多环保人士的呼吁号召以及建言献策的情况下，才有了《清洁空气法案》的颁布，以及英国全国性的大气污染整治行动。尽管从整体来看，伦敦都市圈大气污染协同治理很大程度上仍呈现出政府主导、通过中央政府直接运用高层次的行政力量建立高层次的行政协调机构，或者通过县市合并等方式建立一个庞大统一的大都市区政府开展协同治理的模式，但在伦敦都市圈协同治理过程中，英国民间社会组织一直是重要的参与主体。比如，为了掌握空气污染情况，1961 年，英国便在全国范围内组建了一个 450 个团体参加的由 1 200 个监测点构成的大气监测网，其中，伦敦和谢菲尔德都是重点监测区。再比如，伦敦市的伦敦城管理委员会实际上是一个民间管理的理事会，但该机构在维护城市环境等方面一直扮演着极为重要的角色。此外，为了更好地实现大伦敦地区“更清洁的空气”的规划目标，大伦敦市政厅还建立了伦敦空气污染研究（APRIL）网络，该网络汇集了科学家、地方决策者和空气质量先进社区人员，由他们确定提高伦敦都市圈空气质量优先领域，并支持有关最新科学研究的发展，传达最新的研究成果，以便更好地实现空气质量的提升。

三、伦敦都市圈大气污染协同治理的启示

纵观伦敦都市圈大气污染协同治理的战略背景和战略举措，可以发现伦敦都市圈大气污染协同治理模式具有自身鲜明的特点，尽管当前伦敦都市圈仍在不断探索大气污染协同治理的模式，但结合其自身的特点，可以总结出以下三点启示：

一是以法律为基础，不断完善大气污染区域协同治理机制。无论是在区域协同治理模式的构建，还是大气污染防治上，法律体系在伦敦都市圈大气污染协同治理上发挥了举足轻重的作用。首先，随着大气污染主要污染源的不断演变，英国政府从国家层面相继颁发、

修订有关法案，不断构建起完善的空气污染治理乃至环境保护法律体系。此外，全国性的法律文件的出台也保证了区域间大气污染治理行动的一致性，在某种程度上提高了都市圈大气污染治理的协调性。其次，有关区域协同的法案得以相继颁布，并对合作议题、合作主体、合作机制、合作审查等均有原则性而具体的规定，奠定了跨域协同的法律基础。这也使得伦敦都市圈大气污染协同治理能够在法治的基础上自然而然地呈现出一种阶梯式安排，即国家或区域层面的规划政策负责将法律的规定具体化，而区域内的各行政主体对其进行实操层面的贯彻落实。

二是以政府为主导，构建自上而下的区域协同治理体系。伦敦都市圈大气污染协同治理主要呈现以政府为主导、以顶层设计为依托的自上而下式的协同治理模式，即依靠中央政府发挥牵头作用，组建更高层的行政协调中心，发挥对区域整体层面的直接作用。更高级别的区域协调治理机构的成立，在一定程度上能够打破行政区划的束缚与限制，促进伦敦都市圈的整合与协调，更有助于大气污染治理这种需要跨区联合行动的问题的解决。不过，当前伦敦都市圈尚未成立如“大伦敦政府”一般的行政权力机构，各地区之间主要还是依靠协商机制展开沟通合作。大伦敦政府与各个区（市）政府之间也并非上下级关系，而是合作与协调的关系，大伦敦政府主要负责统筹和规划与城市发展有关的战略问题，具体的执行还需要依靠各区政府。同时，伦敦都市圈的协同治理体系也更为充分地考虑到各利益主体之间的博弈与平衡。大伦敦市长既要受伦敦市政府的监督，还要受伦敦地方议会的监督，而议会成员有半数以上来自各区（市）。为了将各区（市）的利益诉求有效融入新的体制，大伦敦政府在机构人员配备及决策流程等方面都有很大的更新。在人员配备上，确保各职能机构均有来自各区(市)的代表;在重大事项的决策流程上,始终强调各个区(市)政府的平等主体地位,并给予大家充分的交流与磋商机会。总体来看,伦敦都市圈协同治理机制还有待完善,但其充分发挥政府主导作用及其在区域协同治理方面自上而下的引导作用,并以此为基础构建出较为完整的区域协同治理体系的经验值得学习借鉴。

三是以社会为主体,广泛调动和发挥社会参与的积极作用。伦敦都市圈大气污染协同治理无疑是在政府主导下推进的,但多元主体的横向协同和参与在推动政策贯彻落实、激发技术效能等方面也发挥着不可替代的作用。最值得注意的就是,无论在法律上还是在实际规划和操作中,伦敦都市圈均积极邀请地方企业伙伴关系组织参与进来,而地方企业伙伴关系组织则以政府、企业、大学为主,包含了公共部门、私人部门和第三部门等多元主体。以伦敦都市圈地方政府峰会为例,每次峰会都邀请区域内 11 个地方企业伙伴关系组织参与,这使得伦敦都市圈的协同治理更具有开放性和参与性。

第四节　美国大洛杉矶地区大气污染协同治理

大洛杉矶地区(Greater Los Angeles Area)也被称为南部地区(Southland),是美国加利福尼亚州南部的一个横跨 5 个县的联系较为紧密的大都市地区,这 5 个县分别是洛杉矶县(Los Angeles County)、橙县(Orange County)、圣贝纳迪诺县(San Bernardino County)、里弗赛德县(Riverside County)和文图拉县(Ventura County)。大洛杉矶地区是美国最大的空气质量不达标区域,由于需要协调政府和私营部门间不同层级的诸多主体的工作，大气污染协同治理具有挑战性。

一、大洛杉矶地区大气污染协同治理背景与阶段

20 世纪 40 年代，内燃机的重大技术突破带来了燃油汽车的大发展，汽油燃烧后产生的碳氢化合物等在太阳紫外光线照射下引起化学反应，形成光化学烟雾污染，“洛杉矶光化学烟雾事件”是其中最有代表性的例子。大气污染引发的“洛杉矶光化学烟雾事件”也推进了大洛杉矶地区大气污染协同治理的进程。

（一）治理背景

第二次世界大战爆发后，洛杉矶及其周边地区变得空前繁荣，制造业急剧发展，主要集中在飞机制造业、造船业、橡胶生产、钢铁以及石油化工等部门。伴随着产业的导入，大量人口涌入洛杉矶，城市人口由 1900 年的 25 万人激增至 1946 年的 370 万人。洛杉矶也成为全美汽车数量最多的地区，汽车数量由 1904 年的 1 400 辆增加至 1946 年的 142 万辆（谢菲，2009）。产业、人口和汽车规模的迅猛增长带来了大气污染问题，20 世纪 40 年代初，洛杉矶每天消耗石油 1 100吨，排出碳氢化合物 1 000 多吨，氮氧化合物 300 多吨，一氧化碳 700 多吨（梅雪芹，等，2014）。据当时气象部门的记录，1939 年至 1943 年，洛杉矶的能见度迅速下降。到了 1943 年 7 月 26 日，洛杉矶首次爆发光化学烟雾事件。据《洛杉矶时报》报道，大量烟雾涌向市中心，市区能见度降到 3 个街区，许多人眼痛、头痛、呼吸困难（方兴，2014）。洛杉矶在此后多年经常在夏季出现烟雾不散的烟雾污染现象，被称为“美国的烟雾城”。“洛杉矶光化学烟雾事件”发生后，政府采取了一系列措施，对汽车尾气和工业排放等进行了管控，使得烟雾污染问题得到了缓解；同时，政府、非政府组织以及社会公众联合起

来，开启了大气污染协同治理进程，洛杉矶的空气质量得到相应提升。

从19世纪40年代中期开始，加利福尼亚州试图通过划分区域的独立治理模式来解决空气污染问题，但实践证明这种区域独立治理模式的效果并不明显（Nordenstam et al.，1998）。此后在公众游行、诉讼以及非政府组织集会等多方压力推动下，各级政府纷纷成立各类跨界环境治理机构，出台各类环境治理相关法律，区域协同治理大气污染成为主要选择。洛杉矶的大气污染单靠当地治理是远远不够的，需要大洛杉矶地区开展区域协同治理，主要有以下原因：

第一，大气污染治理依赖周边地区协同控制污染源。大气污染不仅仅是洛杉矶一个城市的问题，而是具有区域性和跨界性的污染问题。洛杉矶的大气污染不仅受本地污染源的影响，还受周边地区和州际污染源的影响，需要在大洛杉矶地区协同开展污染源治理。

第二，大气污染治理依赖周边地区的资源和技术。区域合作可以实现资源共享和互相促进，共同推进大气污染治理的进程。洛杉矶可以与周边县市合作，共同开展大气污染治理工作，共享环保技术和设备，提高治理效率和质量。相反，单靠一个地方治理大气污染可能无法独自承担治理大气污染所需的高成本和高技术要求，需要与周边地区合作，共同投入资源和技术。

第三，大气污染治理依赖统一的区域标准和监管。区域合作可以实现统一标准和监管，避免了不同地方的标准和监管之间的差异和冲突。洛杉矶需要与周边县市制定和实施统一的环保标准和监管措施，避免各自为政和相互牵制的情况。

（二）治理阶段

洛杉矶大气污染治理可以划分为三个主要的阶段，分别为困惑期(1943—1955年)、突破期(1955—1975年)和稳步发展期(1975年之后)(姬学斌,2017)。三个阶段分别采取了不同的治理措施,部分具体措施如表5-5所示,这一过程中跨区域的多元主体合作机制对大气污染治理起到了重要作用。

表5-5　洛杉矶大气污染协同治理的主要阶段及措施

治理阶段	时间	治理措施
困惑期(1943—1955年)	1945年	成立洛杉矶烟雾控制局(APCD)
	1947年	出台《大气污染控制法》,建立洛杉矶空气污染控制区,建立烟色浓度系统
	1950年	立法规定依据烟色浓度限制烟雾排放
	1955年	成立加利福尼亚州空气卫生局,建立洛杉矶机动车污染控制实验室
突破期(1955—1975年)	1959年	加利福尼亚州率先在全美制定大气质量标准,标准涵盖光化学氧化物、SO_2、NO_2和CO等
	1960年	成立加利福尼亚州机动车污染控制局,颁布《1960年空气污染控制法》
	1961年	加利福尼亚州机动车大气卫生局批准使用人类第一个汽车排放控制技术——正曲轴通风箱技术
	1967年	成立加州空气资源委员会(CARB),颁布《空气质量法》
	1970年	修订《清洁空气法》,出台《1970年洛杉矶总体规划》,成立美国环保局(EPA)
稳步发展期(1975年之后)	1977年	成立南海岸空气质量管理局(SCAQMD)
	1990年	出台"零排放"汽车法规,成立臭氧传输委员会(OTC)
	1991年	出台《空气质量管理规划》

二、大洛杉矶地区大气污染协同治理措施

(一) 成立区域性空气质量管理机构

加利福尼亚州共有 35 个区域性空气质量管理机构,其中最大的 3 个为南海岸空气质量管理局(SCAQMD,管理大洛杉矶地区)、湾区空气质量管理局(BAAQMD,管理旧金山/奥克兰地区)以及圣华金谷空气质量管理局(SJVAQMD,管理中央河谷地区)。南海岸空气质量管理局(South Coast Air Quality Management District, SCAQMD)成立于 1977 年,该区域性空气质量管理机构覆盖加利福尼亚州南部的洛杉矶县、橙县、里弗赛德县以及圣贝纳迪诺县,该区域总人口数逾 1 700 万人(约占到加利福尼亚州总人口的 50%),致力于解决大洛杉矶地区的 O_3、$PM_{2.5}$、NO_x 和 VOCs 污染问题。

南海岸空气质量管理局管辖区内大约 25%的传统空气污染物排放来自固定源(商业及住宅),大约 75%的排放来自移动源——主要为汽车、卡车、公交车以及非道路(施工)设备、船舶、火车和飞机。南海岸空气质量管理局重点关注企业固定污染源和部分移动污染源(如公交车等)的排放情况,其主要治理手段包括制定加利福尼亚州空气质量管理方案,监督各类企业的环保治理实施情况,以及发放排污许可证等,以此推动大气污染的跨区域横向合作(李夏卿,2021)。南海岸空气质量管理局一共设置了 10 个主要机构,包括制定政策、修改规则、任命职能的理事会,管理空气质量区的执行办公室,提供法律服务的总法律顾问,以及负责科技、工程、规划、立法、财务、信息管理、行政等领域的相关办公室。

南海岸空气质量管理局是一个跨区域协调机构,充分发挥着跨区域协同治理大气污染的作用,是加利福尼亚州范围内 4 个主要县

表 5-6　南海岸空气质量管理局的主要机构及其管理职责

机构名称	主要职责
理事会	制定政策，批准或拒绝新修订的规则；任命执行办公室主任、总法律顾问和听证委员会成员；发放排污许可证
执行办公室	制定行动目标和计划等；管理空气质量区
总法律顾问	提供法律服务，负责所有规则、规章、协议等的执行和处罚问题
科学与技术进步办公室	检测环境质量，研发和推广技术；负责管理移动污染源
工程合规办公室	负责工程许可，核定有毒物质，审核空气标准
规划规则与面源办公室	更新空气质量标准和规划，空气资源普查和许可开发
立法与公共事务办公室	负责宣传相关政策法规
财务办公室	负责预算、税收等财务服务
信息管理办公室	信息技术、网络服务等
行政和人力资源办公室	设备租赁服务、社会捐赠等

市之间合作治理的产物。南海岸空气质量管理局的理事会由 13 人组成，包括各县市委员会代表 6 人，南海岸空气质量管理局任命 4 人，加州州长、州议会议长、州参议院各任命 1 人。南海岸空气质量管理局是加利福尼亚州不同区域之间协同治理大气污染的媒介，各个区域通过该机构达成一致的行动目标和计划，其机构成员也涵盖各个不同区域，能够集中不同区域的治理意见，最终形成跨区域合作治理措施。

（二）推进多层级治理主体之间合作

南海岸空气质量管理局与其他政府机构和组织协会等进行广泛合作。例如，南海岸空气质量管理局与南加利福尼亚州政府协会（SCAG）和加州空气资源委员会（CARB）合作，共同制定和实施加利福尼亚州的空气质量管理政策和措施，制订出空气质量管理计划

(AQMP),在制订该计划的过程中,3 个起草机构有明确的职能分工,这种合作促进了政策协调和资源整合;南海岸空气质量管理局还与汽车制造商、油气公司、建筑行业协会等各种企业和行业协会合作,共同推广清洁能源技术的使用和开展环保项目,这种合作可以促进技术研发和资源共享,实现了横向治理的目标。南海岸空气质量管理局与加州空气资源委员会合作,为建筑物中使用的燃烧电器(如炉灶)制定额外的排放标准;与加州公用事业委员会(CPUC)合作制定关于建筑脱碳的新规则,包括实施激励计划和建立建筑脱碳政策框架等。南海岸空气质量管理局与加州能源委员会(CEC)合作,每两年编写一次《综合能源政策报告》(IEPR),对加州电力、天然气和运输燃料部门面临的主要能源趋势和问题进行综合评估,启动低排放发展建筑倡议(BUILD)计划,旨在为减少温室气体排放的新型全电动低收入住宅建筑提供奖励。

从纵向治理看,南海岸空气质量管理局出台的大气治理法规需要经过美国环保署(EPA)和加州空气资源委员会的批准后才能实施,经批准后实践成功的案例会反馈至联邦政府,大多成功案例会被推广至美国全国,在政府各级机构之间形成了实践—反馈—推广—实践的良性循环。此外,南海岸空气质量管理局还与洛杉矶县等地方政府合作,共同推进地方的大气环境质量管理和治理工作,这种合作包括制定和实施地方的大气环境质量管理政策与措施,提供技术支持和资源整合等;南海岸空气质量管理局与公众和社区合作,共同推进空气质量管理和治理的工作,这种合作包括提供空气质量信息和教育培训,鼓励公众和社区参与空气质量管理的决策与行动,提高公众和社区的环保意识与参与度等。

由于纵向(政府各级别)和横向(跨机构、行业、管辖区等)的监管权力分散，多种空气污染物的协同治理变得更加复杂。南海岸空气质量管理局对固定源具有直接监管权，但对涉及汽车、卡车和非道路用车的移动源标准（排放、燃油效率等）没有直接的管理权，也没有对远洋轮船、铁路机车和飞机的管理权。其对移动源排放标准的管理权位于州政府一级。

（三）不断完善污染治理的法律保障

"洛杉矶光化学烟雾事件"推动了美国《清洁空气法》体系的建立，包括 1955 年的《空气污染控制法》、1963 年的《清洁空气法》、1967 年的《空气质量法》。此后几年，大洛杉矶地区大气污染治理虽然取得了一些进展但成果有限，地方监管者在面对全国性的汽车和石油巨头时有心无力。1970 年 4 月 22 日，2 000 万民众在全美各地举行了声势浩大的游行，呼吁保护环境，后来这一天被美国政府定为"地球日"。民众的努力促成了 1970 年联邦《清洁空气法》的修订，成为美国大气污染治理一个重要的里程碑。此后经过 1977 年修正案、1990 年修正案等，美国逐步建立起了一个完整的法律规范体系，其中最重要的是国家空气质量标准。

美国《清洁空气法》中明确规定了联邦政府、州政府和地方政府之间纵向合作治理大气污染的机制。在法案的具体实施过程中，上述三级政府之间存在以下协作关系：联邦政府根据各州实际情况授予州政府部分权利，将相应落实责任归于州政府，并且根据责任的落实情况给予奖励；各州及地方政府在其职权范围之内进行政策的完善和创新，也可以对相关政策提出有效建议，这样就形成了上述三级政府之间的纵向合作（李慧，2015）。

（四）协同控制大气污染物与温室气体

大洛杉矶地区注重加强大气污染物与温室气体的协同控制，这种区域协同治理模式涉及更加广泛的领域，包括能源、建筑和用地规划。这些领域并非传统意义上的大气环境质量管理的重点，涉及联邦、州、区域及地方层面的治理机构，这些机构之间的合作和联系对于协同控制大气污染物与温室气体至关重要。

大洛杉矶地区多污染物协同治理的成功主要依赖以下几大技术领域能力建设：空气质量监测能力、可靠的排放清单、有效的空气质量建模、多污染物评估与建模工具。大洛杉矶地区协同控制大气污染物与温室气体聚焦四大目标：一是减少 O_3、$PM_{2.5}$ 等传统大气污染物；二是能源体系的去碳化，如无碳发电、车辆电动化与建筑电气化等；三是提升能效、减少消费，降低对化石燃料的需求；四是推进甲烷

表 5-7　大气污染物与温室气体协同控制机构

级别	航空	能源	运输	规划	其他
联邦级	美国环保部	美国能源部	美国交通部、国家公路运输安全总局	白宫环境质量委员会	经济顾问委员会、管理与预算办公室
州	加州空气资源委员会	加州能源委员会、加州公用事业委员会、加州独立系统运营商	加州空气资源局、加州交通部	州长规划和研究办公室、加州环保署	
区域级	各空气质量管理局	洛杉矶水电局	交通委员会、公交区	南加州政府协会及地方政府规划部门	本地港口、市及郡一级的监管机构、市政公共事业
非州一级	民营电力公共事业、环保团体、大学、社区组织、协会、律所、媒体、铁路运营商及车企、原始设备制造商				
国际	联合国气候变化框架公约、国际海事组织、国际民航组织、跨境空气污染协定、外国政府伙伴关系				

资料来源：Wang A et al.(2020)。

等短周期气候污染物的减排。为实现上述四大目标,大洛杉矶地区采取了制定法规、提供资金、推进能力建设、提供技术援助、疏导与宣传等措施。

三、大洛杉矶地区大气污染协同治理的启示

(一) 加强法律法规保障

完善的大气污染治理法律体系,是大洛杉矶地区治理大气污染的保障。在整个治理过程中,美国不断完善其法律体系,1947 年的《大气污染控制法》、1963 年的《清洁空气法》及其修正案、1967 年的《空气质量法》等,都是治理大气污染进程中的法律成果。长三角地区已经形成了跨区域协调治理机制,但目前的治理机制相对松散,缺乏法律制度的保障,难以达到紧密合作的效果。长三角在治理大气污染过程中,需要将建立合理的法律法规置于重要位置,需要重点关注不同的污染物种类,根据污染物性质制定差异性协同治理措施,明确不同层级治理主体之间的协作方式,探索建立区域间协同治理大气污染的协作规则,使不同区域之间大气污染联防联控机制逐步走向常态化与法制化。

(二) 建立跨区域管理机构

加利福尼亚州在治理大气污染过程中建立了一些重要的机构推动区域协同治理,如南海岸空气质量管理局、圣华金谷空气质量管理局和湾区空气质量管理局等,这些机构作为跨区域协调机构,充分发挥着跨区域协同治理大气污染的作用,还侧重于治理不同类型的污染物。长三角在治理大气污染的过程中,可以建立一个或两个跨区域的大气环境管理机构,其内部成员组成需涵盖长三角不同区域,借鉴南海岸空气质量管理局的设置模式,在其内部设置不同层级机构

各司其职，承担长三角地区大气环境质量管理职能。

（三）加强多元主体合作

治理大气污染任务艰巨，只有完善多元主体治理模式，政府、市场和社会主体密切配合，才能形成一个健全的多元主体治理体系。大洛杉矶地区在多元主体治理大气污染进程中，形成了较为完善的合作机制、制约机制和引导机制。长三角在治理大气污染过程中也应当发挥多元主体合作作用。政府应当积极营造良好的宏观治理环境，进行积极引导，整改污染严重企业，监管移动污染源；企业需积极落实政府制定的大气污染治理任务，拓宽治理渠道，积极研发新的环保技术，推进工艺流程转型；社会主体需要积极配合政府的治理工作，并且做好对政府和企业的监督工作。在法律和行政约束的基础上，各大主体密切配合，形成多元主体合作治理大气污染机制，共同推动长三角大气污染治理进程。

第五节　国外区域大气污染协同治理的启示

欧盟、东京都市圈、伦敦都市圈、大洛杉矶地区的区域大气污染协同治理在全球范围内具有引领作用，其在探索跨界大气污染治理理念、治理制度、治理主体结构方面展现了不同的发展路径和特征，这对长三角及其他区域推进大气污染协同治理具有重要的参考启示作用。

一、强化政策法规保障

立法先行是欧盟、东京都市圈、伦敦都市圈、大洛杉矶地区等开展跨区域大气污染协同治理的共同特征，这些地区历来就有从法律层面颁布具体的法案来引导和约束相关主体行为的传统，寻求制度赋权的保障作用，构建全面的“规划—实施—监测”制度体系，通过立法打消污染责任主体的侥幸心理。法律体系在伦敦都市圈区域协同治理模式的构建和大气污染防治上发挥了举足轻重的作用。1952 年“伦敦烟雾事件”发生之后，英国于 1956 年出台了世界上第一部空气污染防治法案《清洁空气法案》，在改善伦敦及周边地区空气质量方面发挥了巨大的作用。尽管伦敦“大烟雾”时期已然走远，但这并不意味着伦敦空气污染问题已经得到解决，在新时代背景下，伦敦都市圈同样呼吁通过构建相应的法律法规体系来确保政府部门拥有自上而下规划和协调各方力量的权力机制，通过立法和一系列强制性手段来加速空气质量的改善。

发达国家还不断修订完善大气污染治理相关法律，以满足大气污染治理需要，以至于很多人认为，清洁空气法的发展历程就是发达国家空气治理的发展历史。如美国从 1955 年的《空气污染控制法》到 1963 年的《清洁空气法》、1967 年的《空气质量法》，再到 1970 年的《清洁空气法》以及 1977 年清洁空气法案修正案、1990 年清洁空气法案修正案，有力推动实现大气污染防治战略的重大转变。

此外，环境空气质量标准和污染物排放标准是区域大气污染防治体系的核心，环境空气质量标准的定期更新与升级以公众健康为基础。以美国为例，环境空气质量标准自 1971 年首次制定以来共修订 11 次，部分污染物浓度限值不断收紧。美国为设定 $PM_{2.5}$ 的限值准备了 20 年的研究时间，于 1997 年在全球率先制定 $PM_{2.5}$ 国家空气质量标准。从 1970 年第一条大气环境指令至今，欧盟已发布 50 余条有关大气环境标准的指令，一些污染物的浓度限制和建议值标准仍处于不断修订和更新状态。这些都为指导跨区域大气污染治理奠定了良好的法规标准基础。

二、发挥跨界机构作用

欧盟、东京都市圈、伦敦都市圈、大洛杉矶地区等为重点解决区域大气污染问题而设置跨地区环保机构。其中，美国的加利福尼亚州有 35 个区域性大气管理机构，其中最大的 3 个为南海岸空气质量管理局、湾区空气质量管理局、圣华金谷空气质量管理局，还成立有加州空气资源委员会。日本九都县市首脑会议起源于 1979 年的六都县市首脑会议，其与环境相关的是下设的废弃物问题研讨委员会和环境问题对策委员会。环境问题对策委员会主要应对气候变化、大气污染（NO_x 减排、$PM_{2.5}$ 与移动源治理）等。在该机构中，东京成为连接国际和国内环境治理的重要节点。欧盟更是借助其机制的便利，通过欧盟委员会、欧洲环境署等专门的跨区域机构，来统筹各国的大气污染治理，使治理过程同时包含横向机构间的协作以及纵向机构间的管理，形成层次分明的协同治理体系。

跨界治理机构引导的大气污染协同治理主要呈现以政府为主导、以顶层设计为依托的自上而下式的协同治理模式，发挥对区域整体层面的直接作用。更高级别的区域协调治理机构的成立，在一定程度上打破了行政区划的束缚与限制，促进了区域内不同行政单元的整合与协调，更有助于大气污染治理这种需要跨区联合行动问题的解决。

三、积极推动多元参与

在欧盟、东京都市圈、伦敦都市圈、大洛杉矶地区等区域大气污染协同治理过程中，公众参与一直是推动实施的关键。通过调动多方参与的积极性，注重“政府-企业-公众”的主体协同作用。

政府部门主要发挥示范和引导作用。政府作为区域大气污染协同治理结构的一个中心节点，在协同治理中承担引导作用，通过提供交流平台，把其他行动者结合到一起，动员与汇集广泛分布于公私部门的资源，通过协商、沟通、参与、信赖、影响等渠道，就共同关心的问题、公共事务形成共识，由集体协力行动解决问题。政府通过构建包括各级政府部门、公众、行业组织、开发商等多元主体的有效治理网络，保障行为互动和资源共享。有关政府公共部门将自身作为环境管控政策的先行者，充分发挥自身的表率和示范作用。比如为了实现交通部门“零排放”的目标，伦敦政府率先要求伦敦交通局（TFL）管理下的巴士公司展开限制活动，并将在2037年率先实现所有巴士车队的零排放。

企业等私营部门发挥研发和资本带动作用。政府除了调动自身在引导规划方面的积极作用之外，还努力寻求与私营部门开展合作，通过一系列举措鼓励高科技企业和高校等研究机构参与到区域大气污染协同治理中来，发挥其在资金和研发上的优势，助力大气环境问题的改善。为了提高伦敦在适应气候变化方面的韧性，伦敦通过伦敦气候变化伙伴关系（LCCP）召集部门合作伙伴和研究界的相关专家，并与交通、能源、水和建筑方面的主要基础设施供应商合作，确定在极端气候灾害和突发事件的干扰下伦敦现有基础设施的阈值，在此基础上不断提高伦敦基础设施恢复力，并确定管理恶劣天气和长期气候的适应性途径。

公众自下而上参与的积极性和获得感。政府部门一方面通过开展各项宣传活动提高公民的环保意识；另一方面则通过降低公民的合规成本来提高居民参与到环境保护行动中的体验感和获得感，以增强公众自下而上参与的积极性。比如针对居民商业用车逐渐淘汰燃油车的限制政策，伦敦市政府既通过更清洁的车辆检查器，帮助市民了解汽车和货车的排放情况，增强居民日常选择更绿色出行方式的意识，又通过补充性的国家汽车标签，以便人们在购买汽车时能够考虑到排放问题，引导超低排放车辆的使用。

四、不断完善市场机制

一般来说，区域大气污染协同治理领域所需的资金多由公共部门提供，但实际上欧盟、东京都市圈、伦敦都市圈、大洛杉矶地区等区域政府以及公共部门能够提供的预算资金与实际所需资金之间仍然存在差距，因此除了扩大环境领域的政府财政预算投入之外，引入更多更广泛的社会资本的参与，打造多渠道的资金支撑体系，才是确保区域大气污染协同治理拥有充足而稳定的资金来源的关键。

相关地区的政府部门尝试各种方式来扩大现有的可用于大气污染治理的政府财政资金来源，如通过征收“交通拥堵费”“红色柴油税”等行政手段和经济手段相结合的措施，既实现了控制交通部门污染排放、环境拥堵和噪声等问题，又达到了拓宽政府资金来源的目的。

国际上相关地区积极借用市场和价格力量，鼓励更多社会资本的参与，如东京的绿色金融市场、欧盟的碳交易市场等，通过市场机制改变现有的资金资源配置机制，鼓励更多私营企业和社会资本参与到大气污染治理中来。在引入社会资本参与形式方面，除了上述直接方式之外，国际上相关政府部门还与有关私营部门合作，通过建立补偿基金等间接的形式为大气污染治理提供必要的资金。例如，为实现整个交通部门对燃油车的限制和整改，伦敦积极提倡建立一个全国性的车辆报废基金，并有针对性地为公交车、客车以及救护车、垃圾车等特殊车辆提供改造基金，降低有关部门的合规成本来实现交通部门“零排放”的目标。

五、强化数字技术赋能

在新的时代背景下，尽管跨区域大气污染协同治理面临着诸多新的、严峻的挑战，但人工智能（AI）、区块链（Block-Chain）、云计算（Cloud）、大数据（Big Data）、边缘计算（Edge Computing）和物联网（IOT）等数字信息技术的发展（简称“ABCDEI”）为区域大气污染协同治理带来了新的机遇。欧盟、东京都市圈、伦敦都市圈、大洛杉矶地区等区域研发了多种具有竞争力的大气污染治理相关技术，为污染排放标准的制定以及污染物的浓度监测等提供了坚实的技术保障，这些技术甚至形成了巨大的产业链，同时实现了巨大的环境效益和经济效益。如伦敦环境治理政策运用数字信息技术从应用层面解决能源消耗和优化资源配置的问题，数字基础和智慧城市发展模式成为推进伦敦环境优化的重要举措，伦敦大气污染治理正逐步实现数字化转型。

国外大气污染治理数字化转型主要围绕智能能源、大气环境监测和预警、环境公共服务等方面展开。一是建设智能能源。办公室、商业设施、宾馆、医院等设施能源利用的高峰时间各不相同，通过实现不同用途之间的能源的相互利用，以及对太阳光等未利用能源的灵活运用等，积极推进智能能源网的构建。二是大气环境监测和预警。国外案例地区提倡利用最尖端的数字信息技术来对环境基础设施进行管理，创造信息城市空间，建立起一个可靠的预警和报警系统，以帮助人们了解潜在风险的程度，提高应急处理能力。三是生态环境公共服务。通过建立绿色信息平台作为关键的存储库和管理器，收集和整理整个区域范围内的相关数据，确保生态和自然环境的关键数据能够被收集、整理、管理和共享，助力大气污染趋势的监测和决定。

第六章
长三角区域大气污染协同治理的路径与机制

随着长三角一体化发展上升为国家战略，长三角迈入高质量一体化发展的新时代，给区域大气污染协同治理带来新任务和新要求，长三角应根据区域大气污染协同治理发展趋势，不断优化区域大气污染协同治理结构，完善相关配套制度，推进区域协同治理水平不断提升。纵向治理结构突出权力自上而下的传导机制，具有较强的行政权威性，通过政策颁布等命令控制型手段的过程化运行，在大气污染治理上具有立竿见影的效果，但这种权威式的管理具有较强的运动式特征；横向治理结构突出合作主体的地位平等性，是基于自身利益诉求和信任的协作方式，通常以联席会议或协作机构形式展开合作，合作灵活高效，但由于权威力量不足，合作缺乏长期约束与有效监督。由于空间溢出效应，大气污染治理效果与治理行为监控模糊，绩效可测量性较差。因此，长三角区域一体化发展上升为国家战略后，需要突出“强纵向-强横向”功能，构建“纵向-横向”双重视角下的区域大气污染协同治理结构，发挥纵向介入和横向协同的优势。

第一节　长三角一体化发展上升为国家战略带来的机遇

长三角区域一体化发展上升为国家战略，使得国家层面将进一步加强对长三角区域大气污染协同治理的支撑和协调，为长三角地区强化顶层设计、开展制度创新、提升执行效率带来良好的发展机遇。

一、大气污染协同治理结构顶层设计得到强化

长三角区域一体化发展上升为国家战略后，2019 年 12 月 1 日，中共中央、国务院印发《长江三角洲区域一体化发展规划纲要》，为长三角区域大气污染协同治理提供了纲领性文件。随后成立的推动长三角一体化发展领导小组，将统筹指导和综合协调长三角一体化发展战略实施，研究审议重大规划、重大政策、重大项目和年度工作安排，协调解决重大问题，督促落实重大事项。2021 年，长三角将原区域大气、水污染协作小组进行整合，成立长三角区域生态环境保护协作小组，增加公安部等 4 个部委，构建了长三角全方位生态环境保护协作新机制，进一步加强跨领域、跨部门、跨省界的生态环保联防联治，推进生态环境保护与区域一体化发展的衔接和融合。

由此可见，长三角区域一体化发展将由长期以来的扁平化协同结构转向纵向介入和横向协同兼顾的多层级区域大气污染协同治理结构。随着跨区域协同治理结构的转变，过去形成的横向协商、沟通交流的松散的协同治理机制也会随之发生变化，区域大气污染协同

治理机制将强化纵向介入和指导下的区域环保合作，区域大气污染协同治理结构的顶层决策设计和政策引导将不断得到强化，区域大气污染治理合作的各项重大决策将在强化顶层设计中得到统筹推进和监督落实，区域大气污染协同治理决策的广度和深度将大大拓展，顶层设计和统筹规划的系统性、针对性和权威性也将随之提升，这将加快长三角区域大气污染协同治理发展进程，为长三角区域大气环境质量整体改善提供广阔空间。

二、大气污染协同治理的制度创新深入推进

长三角区域一体化发展上升为国家战略后，国家层面将加强对长三角一体化发展的统筹协调，在制定长三角区域大气污染协同治理相关制度政策时，将更加注重协同性、整体性，在各项生态环保制度建设上强化一体研究、协同推进，将有力推动区域大气污染治理合作由过去的行政磋商、设施建设转向更高质量的制度创新，在区域大气污染防治领域构建一套行之有效的制度安排。2019 年 11 月公布的《长三角生态绿色一体化发展示范区总体方案》，深入探索了区域一体化发展进程中各项生态绿色制度创新，努力解决跨区域的制度体系、政策措施一体化发展的瓶颈问题，提出在一体化示范区内探索统一环境标准、统一环境监测、统一环境监管等统一生态环境制度，区域制定统一产业准入清单，建立跨区域环境保护市场交易制度，这为未来整个长三角区域开展区域大气污染协同治理制度创新指明方向。未来长三角跨区域的制度创新能够得到国家层面的不断关心、支持和指导，更好地推动区域大气污染协同治理领域的制度创新和体制机制创新。

三、大气污染协同治理决策执行效率得到提升

由于环境保护的“正外部性”特征，区域环境合作措施的执行落实需要相应的约束激励机制加以保障。长三角区域一体化发展上升为国家战略后，国家层面对区域大气污染协同治理将提供政策、法规、机构等多方面的支持和协调，有助于提升大气污染协同治理决策执行效率。

一方面，长三角能够成立具有决策权、监督权、考核权的区域性环境管理机构，更加有效地推动区域大气污染协同治理政策制度的执行和落实，进一步强化对各地区大气污染协同治理政策法规执行情况的监督考核，提升区域大气污染协同治理绩效。2020 年结束的长三角地区一体化发展第一轮“三年行动计划”，完成了 318 项任务中的 196 项，122 项任务取得阶段性成果，任务执行效率表现较好。长三角地区一体化发展的“三年行动计划”目前还主要围绕交通、能源、产业创新、信息网络、公共服务、区域市场等领域。随着长三角区域生态绿色一体化发展的深入推进，未来区域大气污染协同治理等生态环境领域的三年行动任务占比将会增加，并不断提升执行效率。

另一方面，长三角能够引导三省一市构建具有约束性质的环境合作领域的政策法规，如长三角三省一市均制定了《长江三角洲区域一体化发展规划纲要》的实施方案，浙江省出台了《“十四五”时期推动长三角一体化发展实施计划》，安徽省发布了《安徽省实施长江三角洲区域一体化发展规划纲要行动计划》，未来进一步完善区域大气污染协同治理决策执行情况的独立监督考核机制，能够更好地提高区域大气污染协同治理决策的执行效率。

第二节　长三角区域大气污染协同治理的路径选择

长三角各地区大气污染水平存在较大差异，具有显著的局部集聚特征，在“纵向-横向”双重协同治理视角下，结合国际大气污染协同治理的经验和启示，长三角应从优化协同治理结构、完善协同治理格局、推进污染治理制度协同和加强数字技术赋能四个方面发力，进一步深化区域大气污染治理路径和方法。

一、优化区域大气污染协同治理结构

长三角区域一体化发展上升为国家战略后，纵向管控与横向协同将耦合形成新型区域大气污染协同治理结构。既要加大纵向干预力度，也要推进区域大气污染协同治理结构的扁平化发展，尤其要注重推进城市层面联防联控的灵活合作。

(一) 强化纵向协同治理结构

鉴于大气污染治理具有较强的“正外部性”，因此长三角进一步推进大气污染协同治理需要强化纵向协同治理结构，即构建从国家层面到省级层面再到地方层面的纵向协同治理结构，完善长三角区域合作“三级运作”结构模式，为长三角深入推进区域大气污染协同治理提供组织结构保障。

首先，优化中央部委的功能和作用。提高决策的权威性和针对性，发挥生态环境部等中央部委对长三角区域大气污染协同治理的政策干预、信息沟通、专业监督等优势，在强化中央部委的政策指导和顶层设计功能的前提下，发挥其专业功能，推进长三角区域在移动源治理、能源结构调整、清洁能源推广、极端天气应对、资金引导等领域工作的深入开展和有效落实。

其次，设立跨区域大气环境管理机构。在推动长三角一体化发展领导小组下设具有区域环境规划决策权、管理权和处罚权的权威管理机构，打破属地管理的界限，除了负责长三角区域大气污染治理合作重大事项的协调，更重要的是负责区域大气污染治理的重大决策，实现统一决策、统一执行和统一监管。加强大气污染治理决策执行效率的监管执法，提高区域大气污染协同治理的强约束能力，形成“决策—协商—执行—考核”的协同治理流程，以加强对市县层面落实大气污染协同治理任务的绩效考核，进一步促进区域大气污染协同治理迸发新活力。

（二）推动治理结构扁平化发展

长三角大气污染协同治理既要强化纵向协同，提高治理决策的权威性和执行力，又要进一步加强区域治理主体之间的横向关系，推进区域大气污染协同治理结构体系向扁平化发展，降低协同治理成本。

首先，推进市场主导大气污染治理资源配置。长三角区域大气污染协同治理长期以来主要由行政力量推动，政府主导的垂直型资源配置模式一定程度上影响了大气污染治理资源的空间最优配置。随着市场机制的培育，应发挥市场在资源环境要素配置中的作用，建设覆盖整个长三角范围的跨区域环境交易平台，重点发展区域碳交易、区域排污权交易，以市场机制调节长三角大气污染防治利益相关者的关系。

其次，多渠道激励大气污染协同治理的社会参与。长三角大气污染协同治理在执行和参与上要加强"横向到边",促进更多社会主体参与,增进区域治理主体之间的信息沟通和关系结网,形成同一层级主体之间横向联系密切的扁平化协同治理网络结构。特别是注重激发企业主体参与大气污染协同治理的积极性,发挥行业协会和专业商务服务机构的作用,较好解决行政分割、分段管理、各自为政等导致的整体大气污染协同治理效能低下问题,进一步推进区域大气污染治理从政府主导向市场社会多元共治转型。

(三) 增强城市间协同治理

长三角大气污染协同治理在执行和参与上还需要进一步推动城市间的直接对话与交流,降低交易成本,提高合作效率和治理效率,强化城市主体之间横向联系密切的扁平化协同治理网络结构。

首先,以城市为主体深化长三角大气污染防治重大科技合作攻关。建设长三角区域技术创新共同体,加强区域监测、预警技术研发,发展空间、地面一体化监测技术,多尺度、全面优化大气环境质量预警模型系统。优化科技成果共享机制,设立专业化的大气污染治理领域的技术转移、技术推介、技术产权交易机构,为长三角城市开展大气污染治理合作提供平台和渠道。

其次,消除城市间开展协同治理的政策障碍因素。加强省级层面大气污染防治政策制度的对接,通过统一大气污染治理标准、大气污染治理流程、大气污染治理考核等政策标准体系,为提升城市间大气污染协同治理活跃度消除制度壁垒。明确城市治理主体的重点任务是强化区域大气污染治理计划的执行能力,推进城市间积极开展协作。

最后,发挥重点城市的核心带动作用。从长三角大气污染协同治理结构的发展历程来看,相比其他地级城市,省会城市之间的合作交流更为紧密，在资源控制与共享上更加有优势。发挥省会城市在资源、信息、技术创新等方面的龙头作用，在信息沟通方面的桥梁作用，以及其在协同治理网络结构中的连接作用。

二、完善区域大气污染协同治理格局

长三角区域发展的不平衡特征较为显著，推进大气污染协同治理进程中需要强调差异化，坚决反对“一刀切”。基于各地区经济社会发展水平和大气污染物空间分布特征，明晰不同地区大气污染治理的需求和任务，进一步完善区域大气污染协同治理格局。

（一）制定区域差异化大气污染治理目标

区域大气污染协同治理目标需要综合考虑各地区大气环境治理需求和大气环境治理供给能力的情况。长三角虽然可以被看作一个整体的空间单元，但区域内各地区处于相对不同的发展阶段，所面临的大气污染压力、大气污染治理需求以及所具备的大气污染治理能力均有所差异。区域大气污染协同治理目标的设定需要综合考虑各地区发展的时空差异，根据区域经济、社会、自然环境、资源禀赋等领域的现状发展格局，制定合理的大气环境质量协同提升目标。

首先，分区域确立大气污染协同治理目标。依据经济发展水平、大气污染治理能力、大气污染治理需求的分布规律、城市区位等要素，设定各地区大气污染治理目标。综合考虑区域内各地大气环境治理需求的时空差异，根据各地区污染处理、监测预警、管理监督、治理投入等方面的供给能力发展差异，采取具有针对性的差异化协同治理路径，明确各地区在大气污染协同治理中的功能定位，创新大气污染协同治理供给方式，提高供给效率，保障公平性。

其次，动态调整各地区大气污染治理目标。对经济社会发展较为落后的地区而言，短时期内很难达到与发达地区同样的大气环境治理目标，因而最好的方式是给这些地区设置相应的缓冲期，根据经济社会发展的阶段特征，采取阶梯式目标设定形式，分阶段落实大气污染治理目标和任务，强化大气污染协同治理目标的可实现性。

（二）以点带面优化大气污染治理格局

长三角的空间范围大，短时期内实现区域层面大气污染治理的全面协同，存在较大难度。可以先加强重点区域的协同推进，集中力量予以重点突破，最终逐步实现整个地区的协同治理。

首先，加强省域交界地区大气污染协同治理。由于长三角区域大气污染存在较为显著的空间依赖关系，大气污染空间集聚状况复杂，局部复合型集聚特征明显，同一地区针对不同污染物存在不同集聚模式，污染扩散风险较大，因此应注重区域的空间优化治理。省域交界地区是长三角大气污染治理重点地区，高污染水平集聚地区临界跨省特征明显。对于高污染的临界地区，需突出省域间空间协同，构建复合型空间治理体系，探索形成针对性的大气污染治理方案。

其次，强化都市圈层面的大气污染协同治理。除了推进长三角区域整体的大气污染协同治理外，在区域内部推进多尺度、多层级合作治理也非常必要。都市圈的作用在长三角越来越受到重视，例如南京都市圈、合肥都市圈、苏锡常都市圈等。在大气污染协同治理领域，打造横向间大气污染治理合作的“小圈子”也是值得发展的方向之一，通过邻近城市的直接紧密联系，发挥各城市的信息传递优势，降低交易成本，提高合作质量和效率。

（三）根据污染物分布采取针对性措施

根据长三角大气污染的空间关联分析结果，$PM_{2.5}$、PM_{10}总体分布特征为“北高南低”，空间关联为“北高-高，南低-低”，存在扩散风险；CO、O_3 总体分布特征为“中高南低”；SO_2、NO_2 集聚类型复杂，呈多中心、分散态势，部分城市面临多种污染物复合集聚污染态势。应根据大气污染物浓度的空间分布格局，制定针对性的治理措施。

首先，加强安徽北部与江苏北部城市针对 $PM_{2.5}$、PM_{10} 的联合治理。相关城市应采取更加积极的联合行动，在能源转型、交通治理、产业结构调整等领域加强合作，在大气环境监测与监管领域投入更多的人力物力，严格界定工业排放总量，制订总量削减计划，合理分配额度。

其次，加强安庆、合肥、蚌埠、淮北、宿州等城市对 SO_2 的协同治理，其中合肥处于低-高集聚模式，易受周边 SO_2 污染严重的城市影响，由于这些城市都处于安徽省辖区内，开展 SO_2 协同治理的行政壁垒相对较小，可重点发挥合肥在协同治理中的带头作用。

最后，加强沿江城市对 NO_x 和 O_3 的协同治理。常州、无锡、滁州、马鞍山等侧重于强化 NO_2 的治理任务。O_3 高污染城市基本集中在江苏省沿江地区，需重点加强江苏沿江城市针对 O_3 的协同治理。

三、推进区域大气污染治理制度协同

随着长三角大气污染协同结构的不断完善，需要推进区域大气污染治理的法律法规、发展规划和环境标准的协同发展，实现跨区域大气污染治理的统一规划和统一管理，明确长三角不同层级相关治理主体的责任和义务，合理规划配置区域大气污染治理资源，为实现区域大气污染治理目标提供制度基础。

（一）统筹协调区域环保法规政策

长三角各省市地方环保法规政策存在同类事项规定不一致而产

生负面效果的情况，给区域大气污染协同治理带来一定的障碍。需要基于长三角生态环保一体化建设的高度，统筹协调跨行政区大气污染治理配套的法规政策体系。

首先，统筹制定区域大气污染防治相关法规政策。长三角应推动大气污染治理法制层面的协同发展，长三角一体化发展上升为国家战略后，长三角可在国家相关部门牵头指导下，不断完善长三角人大立法工作联席会议制度，加强区域间立法机关的沟通和磋商，加强各地区大气污染防治立法规划计划、法规起草、立法推进、法规内容等方面的协同，推进区域环保立法成果共享，探索统一区域大气污染法律法规和标准，推动区域大气污染治理执法内容和执法标准的一体化发展，为区域大气污染协同治理提供制度性保障，实现大气污染治理的政策导向和立法决策统一衔接。联合制定应急预案和联合执法规程，定期、常态化开展重点行业、企业大气污染专项督察，通过联合执法强化监督，对跨行政边界的大气污染违法行为进行严厉打击。

其次，统一区域大气污染治理政策体系，加强区域层面大气污染协同治理的政策制度对接，形成跨区域大气污染协同治理较为统一的政策体系，这些政策应包括区域职能分工政策、产业布局政策、公共服务投资政策、合作平台建设政策、生态补偿政策等，通过统一大气污染治理步骤、大气污染治理标准、大气污染治理方向，逐步建立跨区域、跨部门的常态协调管理机制。

（二）制定区域大气防治协同规划

长三角三省一市面临着共同的区域性大气污染问题，但各省市经济社会发展水平、所处发展阶段和资源禀赋等存在较大差异，各省市以地方行政单元为界编制的大气污染防治规划，还不能很好协调区域间大气污染治理活动，也不利于区域大气污染治理整体目标的实现和整体效率的提升，需要从长三角区域层面探索编制长三角大气环境保护规划。

首先，研究制定共同的区域大气污染治理目标。长三角区域大气环境保护规划主要定位于中长期规划，制定共同的区域大气污染治理目标，以及中长期分阶段的大气环境质量提升目标，对区域内的能源战略、产业结构、产业布局和交通发展等进行有效引导和约束。强化区域经济社会发展的资源环境约束，以此作为区域产业升级和空间布局调整的依据。

其次，在区域范围内进行整体功能定位。依据生态绿色一体化发展理念，在分析长三角区域环境容量和承载力的基础上，明确长三角范围内各地区大气环境管理的责任与义务，合理规划区域生态环境资源的调配使用，制定分区域的政策措施和制度安排，优化产业和功能的空间布局，借助统一规划机制推动长三角地区大气环境质量的提升。

（三）统一区域大气污染防治标准

从长三角区域目前执行的大气污染排放标准以及三省一市的经济社会发展状况来看，统一区域大气环境标准是实现长三角区域大气污染协同治理的重要基础。

首先，明确区域大气环境标准统一的实施方案。虽然国际上存在地方政府联合制定区域环境标准的案例，但由于不同国家和地区的制度与法律环境有所差异，对长三角地区来说，统一区域大气环境标准有两种方案。第一种方案是由具有一定约束力或者法律授权的部门（如生态环境部等上级部门），为长三角区域制定专门的区域大气环境标准，由三省一市共同遵守。第二种方案是三省一市在框架体系和内容上对大气污染防治标准进行协同，努力推进长三角大气污染物排放标准的统一，推动污染物排放标准低的地区提高标准，率先对限制类产业或污染较大的产业实施区域统一排放标准，以避免污染较大的行业企业利用标准漏洞在区域内部转移。

其次，推进完善区域大气环境标准体系。大气环境标准按其用途可分为大气环境质量标准、大气污染物排放标准、大气污染控制技术标准、大气污染警报标准等不同类型。目前长三角除了上海市有较为完善的大气环境标准体系之外，江苏、浙江和安徽三省均不同程度存在环境标准体系不完善的情况。需要对长三角区域大气环境标准的制定开展科学研究，根据社会经济发展和大气环境质量管理的要求，补充或修订不同行政区的地方大气环境标准，推进三省一市不断完善各自大气环境标准体系，以此提高区域内不同行业的环境标准准入门槛。

四、加强数字技术赋能区域协同治理

数字化转型能够推动大气污染治理价值、制度、技术和模式的重构，长三角应充分利用数字信息技术为区域大气污染协同治理带来的新机遇，通过协同完善数字化顶层设计和数字基础设施，为区域大气污染排放标准的制定以及污染物的浓度监测等提供技术保障。

（一）推进大气污染治理数字化顶层设计

管控大气污染治理数字化转型风险须加强数字化转型的顶层设计，不断完善大气污染治理数字化转型的制度机制。

首先，健全大气污染治理数字化转型的制度规划。制度变革是推进大气污染治理数字化转型的治理基石，大气污染治理数字化转型要求传统大气污染治理制度、规则体系和治理政策与时俱进。一是健全大气环境数据管理制度。长三角三省一市应着力完善大气环境数据开放和个人隐私保护、企业商业机密保护方面的制度。建立更加统一和规范的数据收集和归集标准，规范大气环境数据采集、存储、共享和应用，明确各级各部门的数据责任、义务与使用权限，合理界定大气环境业务数据的使用方式与范围，针对政府网站数据开放、公众获取使用数据的规定制定详尽的法条规范，市民和企业有专门的入口申请有关数据，提高数据共享效率，保障数据安全，不断完善生态环境大数据监督方式。二是制定区域大气污染治理数字化转型发展规划。参照三省一市数字化转型相关发展规划，将数字化转型规划编制转换为推动大气污染治理数字化转型，内容包括区域大气污染协同治理数字化转型的发展基础、总体思路、转型基础、重点方向、功能平台、保障措施等部分，推进云计算、大数据、物联网、人工智能、5G、北斗等新兴产业与大气污染治理业务的深度融合，推进生态环保产业数字化发展，强化精细高效的大气污染数字治理能力。三是建立财政投入与建设专项保障机制。出台相应政策指导，支持数字经济相关重大项目攻关及重点产业发展；健全大气污染治理数字化转型的法律保障，构建区域大气污染治理数字化转型升级的安全发展环境。

其次，完善大气污染治理数字化监管服务机制。通过梳理优化大气污染治理常态化监管和业务工作流程，推进大气污染治理数字化监管服务应用场景建设，助推生态环境监管服务迭代升级。一是推进大气污染治理服务的数字化转型。以“站、窗、网”的形态构建系统集成的服务链，在统筹构建一体化的长三角大气污染治理综合应用数字平台、共享共用大数据、协同联动大系统的过程中，将政府部门掌握的海量生态环境数据反馈至政府大气污染治理服务过程中，线上线下协同推进大气污染治理服务的数字化转型。二是推进大气污染治理监管的数字化转型。推进长三角大气环境保护领域“互联网＋监管”能力建设，特别是在省界区域和大气污染重点治理区域，推进自动监控、用电监控、视频监控等非现场监管方式，通过数字化赋能流程再造，建立跨区域的大气环境智能监管体系，以数据融通和智慧监管提升大气污染治理绩效，优化政府环保监管及企业环保管理的工作机制，提升跨区域大气污染治理监管的网上供给能力。

(二) 加强大气污染治理数字基础设施建设

长三角三省一市应以重大示范工程为引领，持续推进生态环境新基建，推进区域大气污染治理的数字底座建设，面向环境治理现代化和高效能治理需求，构建“云路端”多层级均衡协调的新型大气污染治理数字基础设施体系。

首先，推进大气环境保护的“云基建”。“云基建”聚焦大气环境云计算平台建设，坚持区域一盘棋，突出一体化，使区域大气污染迈入“云上时代”。一是打造“区域生态云”载体。运用物联网、云计算、大数据、移动互联和空间信息等技术与理念，打造大气环境智能监测平台，利用北斗一体化数字平台、天眼等建立健全“天空陆海”一体化大气环境智能监测网络，建设“云端”联动监管体系，推进跨区域的大气环境保护业务信息整合共享，研判分析区域大气污染发展趋势。二是强化智能精准的大气污染治理。充分运用大数据算法等创新科技手段，实现区域性大气污染防治的智能研判、精准管控，实现科学治污、精准治污、智慧治污。

其次，推进大气环境保护的“路基建”。“路基建”能够为大气污染治理智慧终端与大气污染治理云端的交互提供快速有效的通道，“路基建”聚焦大气环境数据通信网络建设，推进 5G 通信技术、物联网、车联网、工业互联网等多个信息应用网络平台建设，为区域大气污染治理数字化转型提供信息传输“高速公路”。一是完善大气环境监测感知网络建设。利用卫星遥感、微波雷达、无人机、数字通信传输网络、地理信息系统等手段，建设陆海统筹、天地一体、部门协同、区域协同、数据共享的多维度、立体式、智能化的大气环境质量监测与态势感知网络，确保监测数据的准确性、真实性以及完整性，使之成为区域大气环境质量的综合“情报网”。二是畅通大气环境数据共享传输渠道。实现跨区域、跨部门、跨层级的监测资源整合和监测数据共享，对大气环境质量进行实时态势感知，对各类数据进行智能采集、存储、共享、传输、分析和利用，重塑区域大气污染治理的信息流、时间流和服务流程，充分挖掘数据在跨区域大气污染治理中的功能。

最后，推进大气环境保护的“端基建”。“云基建”“路基建”为“端基建”提供了丰富的计算、存储、网络资源，“端基建”聚焦大气污染治理领域具有公共属性的移动终端和固定终端建设，提升连接数量和连接质量，为区域大气污染治理数字化转型提供“云路端”体系中与用户交互的部分。一是加强前端采集数字化设施建设。在大气污染压力较大的城市或重要区域，加快发展基站、摄像头、环境监测设备等大气环境数据信息前端采集设施，增加前端数字化采集设施点位，推进前端固定式及移动式大气环境数据信息感知设备建设，以及其他数据的融合接入和硬件设施建设，充分利用前端大气环境监测感知设备，结合大数据融合手段，提高大气环境前端数据信息采集的精确度。二是加强后端处置数字化设施建设。推广新能源充电桩，通过 AI 技术建立智能交通系统，减少空气污染，规范处置终端运行管理，提高安全生产、达标排放管理水平，实现优化运营、节能减排。

第三节　长三角区域大气污染协同治理的实现机制

长三角区域大气污染协同治理的深入推进,需要加强动力机制、优化机制和约束机制建设。动力机制主要是通过完善利益均衡机制,发挥对区域大气污染协同治理的推动和激励作用。优化机制主要是通过结构优化和功能优化,发挥对区域大气污染协同治理的提升作用。约束机制主要是通过强化监督与问责机制,发挥对区域大气污染协同治理进行限定与修正的功能。

一、区域大气污染协同治理的动力机制

在动力机制上,重点发挥市场化机制、社会多元参与机制、数字技术调整机制等对区域大气污染协同治理的促进作用。

(一) 构建完善的大气污染治理市场化机制

长期以来,区域大气污染治理涉及的产业转型、污染减排、末端治理等举措主要由政府推动,受行政边界影响,这种政府主导的垂直型资源配置模式影响了发展要素的空间流动和空间最优配置。随着信息化水平的提高和市场分工的细化,市场在区域大气污染治理的资源配置中将发挥决定性作用。

一是构建完善的区域用能权、排污权、碳排放权交易市场机制。长期以来,自然资源与环境因子具有公共物品特征,市场机制很难对其空间配置发挥作用。近年来,随着可持续发展思想成为区域一体化发展的核心,生态环境因子从传统的区域经济发展的附属支撑要

素，转向区域自然、经济、社会综合发展的多目标体系之一，并作为一种生产要素被纳入资源市场体系。其中，区域碳交易、区域排污权交易是资源环境保护主要的市场化表现方式。因此，需要将用能权、排污权、碳排放权交易与长三角区域产业转型升级紧密结合，通过加强资源配置管理，引导产业绿色转型。建设综合性的长三角区域环境交易平台，探索市场交易价格对大气污染物排放区域分布的调控机制，深入推进减污降碳协同增效，加强交易后监督，对于违规交易现象进行追责处罚，确保区域大气环境交易市场的有序发展。

二是推行区域大气污染第三方治理模式。以长三角区域大气污染协同治理的市场化、专业化、产业化为发展方向，创新推动建立排污单位付费、第三方治理的区域大气环境治理机制，推进排污企业委托专业的第三方环保服务公司进行大气污染治理。鼓励第三方污染治理单位、节能服务公司创新服务模式，落实税收优惠政策，建立违规单位黑名单制度，持续规范区域大气污染第三方治理市场。区域大气污染治理的市场化发展，将改变传统的由政府主导的垂直管理结构，促进区域资源环境要素市场协调发展，以市场机制调节区域大气污染治理利益相关者之间的利益关系。

（二）构建扁平化发展的社会多元参与机制

扁平化最早是一个管理学概念，是指通过减少管理层级、压缩职能部门和机构，尽可能减少管理中间环节而建立起来的一种管理模式。随着区域大气污染协同治理的发展，各治理主体之间的横向联系进一步加强，协同治理网络结构体系向扁平化发展。

长三角区域大气污染协同治理取得成功的一项前提条件，就是必须具有广泛的公众参与基础。社会公众的参与促使管理权从集中转向分散，地方政府、企业、社会公众等多元主体构成开放的整体系统和治理结构，形成同一层级的主体之间横向联系密切的扁平化网络结构，使大气污染治理从独立、封闭的系统转型为区域一体化、互动、开放的系统。

扁平化管理在横向上适当延伸管理范围，整合资源，突破政府与市场、社会公众建立互动关系的界限，形成多元主体参与的大气污染协同治理模式。在纵向上压缩不合适的管理层级，减少管理环节。由于长三角区域大气污染治理跨多个行政区，扁平化发展能够打破区域的行政分割，推动区域大气污染治理结构从金字塔形管理向扁平化管理发展，这种变化使得不同行为主体信息沟通更加充分，有助于形成网络化治理结构，网络节点相互之间形成平等的关系，信息沟通更加灵活，较好地解决了机构分割、分段管理、各自为政等导致的整体效能低下问题。

（三）完善数字技术影响的空间调整机制

长三角在区域大气污染协同治理的数字化应用场景建设部署中，应把握好信息平台、数据要素、治理生态三个方面，从赋能环境管理服务和赋权公众参与两个领域着手，为良性大气污染治理数字化应用场景的构建夯实基础。

首先，拓宽赋能环境管理服务场景。实时跟踪评估交通、工业和生活等多种场景下的大气污染物排放情况，实现大气污染溯源解析等监测数据深度应用。聚焦数据跨层级、跨部门、跨地域的融合共享，提升区域大气环境数字治理能力。一是数字赋能基层网格化治理。推进“数字化＋网格化”建设，打造基层生态环境治理互联网平台，凝聚基层智慧治理的社会共识。建立跨层级大气环境数据协同体系，拓宽大气环境数字化治理渠道，提升基层大气环境治理效率。二是数字赋能跨部门协同治理。不断推进数字政府建设，激活区域大气环境数字化治理应用场景，推动构建标准统一的数字政务服务，实现跨系统、跨部门、跨业务的协同管理和服务。三是数字赋能跨区域公共服务。推进长三角地区各类大气环境数据资源对接，推进各类生态环保类电子证照跨区域互认与核验，构建跨地区大气环境数字化治理应用场景，提升长三角区域各类涉及大气污染的政务服务事项“跨省通办”效率。

其次，拓宽赋权公众参与应用场景。要实现大气污染治理数字化转型，可对社会公众进行“技术赋权”，促进公众参与区域大气污染治理的积极性，构建公众和政府协同共治的新格局。一是赋权生态环保公众参与。通过大数据挖掘生态治理中群众更加关切的问题，开展应用场景大调研，通过算法构建智慧感知平台，形成“问题-场景-算法-解法”的数字化思维，以提升精准反应的实战效果。整合人工智能、大数据、物联网、云计算等技术，打造区域大气环境治理公众参与平台，构建多维交互的数字化应用场景，充分发挥公众参与和监督区域大气环境治理的积极性。二是构建个人和机构碳账户体系。基于一定标准，量化个人和机构节能减排行为，构建涵盖行为记录、量化核证等功能的碳账户。推行个人碳账户积分兑换激励机制，对企业等机构实施差异化产业政策和金融政策。对碳数据主权归属、大数据服务可靠性、出现争端时的化解与裁决等方面进行规范和保障。三是跨越“数字鸿沟”，提升全民数字素养。由于管理逐渐以公众的环境智能设备所提供的大气环境信息为决策依据，政府在努力扩大大气环境数字基础设施普及的同时，应加强数字化生态环保宣传与教育，提升公众的生态环境服务体验、污染治理的参与意识和数字化能力。

二、区域大气污染协同治理的优化机制

区域大气污染协同治理的形成和发展过程中，需要以纵横耦合和融合发展为基本优化原则，对其进行调整并使其网络结构趋于合理化，以实现既定的大气污染协同治理目标。

（一）一体化发展的结构优化机制

区域大气污染协同治理是在各个规模不等、职能各异的城市间打造一个完善的城市体系，需要以城市与城市的一体化发展为基础。

一是市场体系一体化。市场经济是实现区域要素资源优化配置的基本途径，推进长三角区域内的各个城市在市场经济规律作用下形成“竞争-合作”的关系，消除地方市场分割，建立统一开放的区域市场体系，以促进商品和生产要素的自由流动，减少区域大气污染治理主体的内耗，避免区域整体竞争力的下降，并创造出区域大气污染协同治理新的发展空间。

二是产业分工一体化。随着城市的产业分工深化与专业化的发展，长三角地区会出现新的产业空间演化与重构。产业分工一体化要求长三角区域内各个城市通过产业部门分工和空间分工的互补成为一个整体，并借助产业链分工获取自身所处价值链环节的利益。在区域产业分工一体化发展过程中，不仅各个城市会享受分工及专业化带来的好处，而且整个区域会实现协同利益最大化，避免各地自行设定产业准入标准而带来的大气污染转移风险。

三是基础设施一体化。连接区域内各个城市并使它们发生相互作用的关键是城市之间要有发达的交通网络和信息网络。所以，基础设施一体化要求实现交通同网和信息共享，实现城际基础设施的资源共享及效能的最大化。此外，基础设施一体化能够避免重复建

设所造成的资源浪费和效率损失，通过基础设施的一体化发展，区域在市场竞争的环境中使资源达到动态最优，既能够直接减少大气污染物的排放，又为提升区域大气污染协同治理效率提供支撑。

（二）污染物协同控制的功能优化机制

长三角地区是对全球气候变化最为敏感的区域之一，也是我国大气污染较为严重的区域之一，需要加强多污染物的协同控制，不断丰富大气污染协同治理的功能内涵。

一是加强多污染物协同治理。由于经济的发展和技术的进步，长三角区域在生活和生产中向大气中排放的污染物不断增多且种类复杂，由此引发的大气污染问题也层出不穷，除了被热议的雾霾，光化学烟雾、臭氧污染、有毒物质扩散等也不容小觑。目前对颗粒物、二氧化硫、氮氧化物、煤烟粉尘排放控制取得明显进展，但臭氧、二氧化氮、挥发性有机化合物成为新的挑战，这可能会抵消由 $PM_{2.5}$ 污染控制带来的公共健康效益。针对长三角区域大气污染面临的新压力，需要加强臭氧、氮氧化物、挥发性有机化合物、颗粒物等不同类型污染物的协同控制。

二是深化区域减污降碳协同机制。气候变化与大气污染密切相关，由于大气污染物与温室气体同根同源，从技术层面来看两者可以协同控制，可以说减少污染物排放和碳排放在一定程度上对政策措施的实现路径的要求是一致的。长三角在开展区域大气污染协同治理进程中，需要探索建立长三角区域减污降碳协同机制，探索长三角碳普惠体系对接机制，连接长三角不同地区、不同类型碳普惠机制和市场。加强跨区域碳信息共享互通、资源共享，推进形成覆盖长三角区域的碳普惠协同发展机制。

三、区域大气污染协同治理的约束机制

区域大气污染协同治理的形成和发展既是动力机制作用的结果，又受到一系列约束因素的影响。区域大气污染协同治理的结果是动力因子与约束因子相互作用下的动态平衡关系。随着长三角进入高质量一体化发展的新时代，需要构建相应的大气污染协同治理绩效管理体系，提高区域大气污染协同治理效率，维系区域大气污染协同治理的长久性和稳定性。

首先，推进大气污染协同治理绩效管理制度创新。探索制定《长三角区域大气污染协同治理绩效考核管理办法》，明确区域大气污染协同治理绩效考核的考核主体、考核对象、考核内容和考核流程。强化区域性环保合作机构对区域大气污染治理绩效的统一考核和管理职能，重点对各地区协同开展大气污染治理的绩效开展科学评估、考核、监督和管理。根据区域大气污染协同治理绩效管理的发展水平，适时推进长三角大气污染及其他生态环保领域协同治理绩效管理立法。发挥法律法规具有的约束性、导向性作用，减少人为主观因素对长三角区域大气污染协同治理绩效管理的干扰，维护区域大气污染协同治理绩效管理的正常秩序，提高区域大气环境保护整体水平。

其次，合理设置区域大气污染协同治理绩效评估体系。长三角各地区发展水平各异，大气污染治理的阶段性任务亦有所区别，区域大气污染协同治理绩效评估体系要充分考虑不同地区的现实条件和大气环境基础，在指标构成和目标要求上应区别对待。根据区域大气环境质量总体改善的要求，突出目标导向，根据不同地区大气环境本底差异进行分类，合理设定不同区域大气污染协同治理绩效考核指标和权重。

最后，构建区域大气污染协同治理绩效评估监督机制。长三角区域大气污染协同治理绩效评估管理过程中涉及领域和参与主体颇多，应当构建多元主体参与的大气污染协同治理绩效管理体系，建立健全绩效管理评估监督机制。重点是要完善奖惩并重的大气污染协同治理绩效管理制度，建立奖优罚劣的管理结果运用流程，既要注重管控型大气污染协同治理绩效管理，又要发展激励型大气污染协同治理绩效管理，特别是要注重反馈大气污染协同治理绩效评估结果，促进被考核评估的责任主体持续改进大气污染协同治理工作。此外，长三角应建立客观、公正的区域大气污染协同治理绩效管理评估机制，可考虑引入包括专家学者、环保组织等在内的第三方监督机制，助力区域大气污染协同治理绩效水平不断提升。

参考文献

[1] Andersson K P, Gibson C C, Lehoucq F. Municipal politics and forest governance: comparative analysis of decentralization in Bolivia and Guatemala[J]. World Development, 2006, 34(3):576-595.

[2] Arentsen M. Environmental governance in a multi-level institutional setting[J]. Energy & Environment, 2008, 19(6):779-786.

[3] Barrutia J M, Echebarria C. Comparing three theories of participation in pro-environmental, collaborative governance networks [J]. Journal of Environmental Management, 2019, 240:108-118.

[4] Bodin Ö, Crona B, Ernstson H. Social networks in natural resource management: what is there to learn from a structural perspective? [J]. Ecology and Society, 2006, 11(2):1-4.

[5] Bryson J M, Crosby B C, Stone M M. The design and implementation of cross-sector collaborations: propositions from the literature[J]. Public Administration Review, 2006, 66(6):44-55.

[6] Chen H, Zhu T. The complexity of cooperative governance and optimization of institutional arrangements in the Greater Mekong Subregion[J]. Land Use Policy, 2016, 50:363-370.

[7] Christensen K S. Cities and complexity: making

intergovernmental decisions[M]. London: Sage, 1999:32-39.

[8] Copeland B, Taylor M S. North-South trade and the environment[J]. Quarterly Journal of Economics, 1994, 109:755-787.

[9] Denton A. Voices for environmental action? Analyzing narrative in environmental governance networks in the Pacific Islands[J]. Global Environmental Change, 2017, 43(1):62-71.

[10] Dinda S, Coondoo D, Pal M. Air quality and economic growth: an empirical study[J]. Ecological Economics, 2000, 34(3): 409-423.

[11] Eckerberg K, Joas M. Multi-level environmental governance: a concept under stress? [J]. Local Environment, 2004, 9(5):405-412.

[12] European Environment Agency. Emissions of the main air pollutants in Europe[EB/OL]. [2022-11-22]. https://www.eea.europa.eu/ims/emissions-of-the-main-air.

[13] Freeman L C. Centrality in social networks: conceptual clarification[J]. Social Networks, 1978, 1(3):215-239.

[14] Gash A. Cohering collaborative governance[J]. Journal of Public Administration Research and Theory, 2017, 27(1): 213-216.

[15] Gong Z Z, Zhang X P. Assessment of urban air pollution and spatial spillover effects in China: cases of 113 key environmental protection cities[J]. Journal of Resources and Ecology, 2017, 8(6): 584-594.

[16] Gunningham N. The new collaborative environmental governance: the localization of regulation[J]. Journal of Law and Society, 2009, 36(1):145-166.

[17] Han L J, Zhou W Q, Li W F. Fine particulate ($PM_{2.5}$) dynamics during rapid urbanization in Beijing, 1973-2013 [J]. Scientific Reports, 2016(3).

[18] He Q L, Li Q Y, Li J. The evolutionary game analysis of cooperation governance air pollution models between the local government considering pollution industries transferred[J]. Operations Research and Management Science, 2020, 29(4):86-92.

[19] Huxham C. Creating collaborative advantage[J]. Journal of the Operational Research Society, 1997, 48(7):757.

[20] Keast, R, Brown K, Mandell M. Getting the right mix: unpacking integration meanings and strategies [J]. International Public Management Journal, 2007, 10(1):9-33.

[21] Kooiman J. Modern Governance: New Government-Society Interactions[M]. Thousand Oaks: Sage Publications, 1993.

[22] Li K, Jacob D J, Liao H, et al. A two-pollutant strategy for improving ozone and particulate air quality in China[J]. Nature Geoscience, 2019, 12(11):906-910.

[23] Li X Y, Zhou Y M. Offshoring pollution while offshoring production[J]. Strategic Management Journal, 2017, 38(11):2310-2329.

[24] Liu J Z, Li W F, Wu J S. A framework for delineating the regional boundaries of $PM_{2.5}$ pollution: a case study of China

[J]. Environmental Pollution, 2018, 235:642-651.

[25] Liu X X, Wang W W, Wu W Q, et al. Using cooperative game model of air pollution governance to study the cost sharing in Yangtze River Delta region[J]. Journal of Environmental Management, 2022, 301.

[26] May C K. Visibility and invisibility: structural, differential, and embedded power in collaborative governance of fisheries[J]. Society & Natural Resources, 2016, 29(7):759-774.

[27] Méndez-Medina C, Schmook B, Basurto X, et al. Achieving coordination of decentralized fisheries governance through collaborative arrangements: a case study of the Sian Ka'an Biosphere Reserve in Mexico[J]. Marine Policy, 2020, 117.

[28] Meng C S, Tang Q, Yang Z H, et al. Collaborative control of air pollution in the Beijing-Tianjin-Hebei region[J]. Environmental Technology & Innovation, 2021, 23(2).

[29] Mitchel B R. British Historical Statistics[M]. New York: Cambridge University Press, 1988.

[30] Newig J, Fritsch O, Rauschmayer F, Paavola J. Environmental governance: participatory, multi-level and effective? [J]. Environmental Policy and Governance, 2009, 19(3):197-214.

[31] Nordenstam B J, Lambright W H, et al. A framework for analysis of transboundary institutions for air pollution policy in the United States[J]. Environmental Science & Policy, 1998(3): 231-238.

[32] Ostrom E. Polycentric systems for coping with collective

action and global environmental change[J]. Global Environmental Change, 2010, 20(4):550-557.

[33] Pollitt C. Joined-up government: a survey[J]. Political Studies Review, 2003, 1(1):34-49.

[34] Rawski T G. Urban air quality in China: historical and comparative perspectives[R]. Resurgent China, 2009.

[35] Roger W. The rhetoric and reality of public-private partnerships[J]. Public Organization Review, 2003, 3(1):77-107.

[36] Sarr S, Hayes B, DeCaro D A. Applying Ostrom's institutional analysis and development framework, and design principles for co-production to pollution management in Louisville's Rubbertown, Kentucky[J]. Land Use Policy, 2021, 104.

[37] Savitch H V, Vogel R K. Paths to new regionalism [J]. State and Local Government Review, 2000, 32(3):158-168.

[38] Sedlacek S, Tötzer T, Lund-Durlacher D. Collaborative governance in energy regions—experiences from an Austrian region [J]. Journal of Cleaner Production, 2020, 256.

[39] Shen Y D, Ahlers A L. Blue sky fabrication in China: science-policy integration in air pollution regulation campaigns for mega-events[J]. Environmental Science & Policy, 2019, 94: 135-142.

[40] Simeonova V, Van der Valk A. Environmental policy integration: towards a communicative approach in integrating nature conservation and urban planning in Bulgaria[J]. Land Use Policy, 2016, 57(30):80-93.

[41] Spence D B. The shadow of the rational polluter: rethinking the role of rational actor models in environmental law [J]. California Law Review, 2001, 89(4):917-918.

[42] Sun L, Wang Q, Zhou P, et al. Effects of carbon emission transfer on economic spillover and carbon mission reduction in China [J]. Journal of Cleaner Production, 2016, 112:1432-1442.

[43] Suri V, Chapman D. Economic growth, trade and energy: implications for the environmental Kuznets curve[J]. Ecological Economics, 1998, 25(2):195-208.

[44] Taylor B D, Schweitzer L. Assessing the experience of mandated collaborative inter-jurisdictional transport planning in the United States[J]. Transport Policy, 2005, 12(6):500-511.

[45] Thomson A M, Perry J L. Collaboration processes: inside the black box[J]. Public Administration Review, 2006, 66(12): 20-32.

[46] Tiwari P C, Joshi B. Local and regional institutions and environmental governance in Hindu Kush Himalaya [J]. Environmental Science & Policy, 2015, 49:66-74.

[47] Toonen T. Resilience in public administration: the work of Elinor and Vincent Ostrom from a public administration perspective[J]. Public Administration Review, 2010, 70(2):193-202.

[48] Walker, D B. The Rebirth of Federalism[M]. New York: Chatham House Publishers, 2000:27-29.

[49] Wang A, Shen S Y, Pettit D. Coordinated governance of

air & climate pollutants: lessons from the California experience [R]. 2020.

[50] Wang K L, Yin H C, Chen Y W. The effect of environmental regulation on air quality: a study of new ambient air quality standards in China[J]. Journal of Cleaner Production, 2019, 215:268-279.

[51] Wang X, Zhou D Q. Spatial agglomeration and driving factors of environmental pollution: a spatial analysis[J]. Journal of Cleaner Production, 2021, 279:1-10.

[52] Wang Z B, Li J X, Liang L W. Spatio-temporal evolution of ozone pollution and its influencing factors in the Beijing-Tianjin-Hebei Urban Agglomeration[J]. Environmental Pollution, 2020, 256:1-10.

[53] Woods N D. Interstate competition and environmental regulation: a test of the race-to-the-bottom thesis[J]. Social Science Quarterly, 2006, 87(1):174-189.

[54] Ye G L, Zhao J H. Environmental regulation in a mixed economy[J]. Environmental & Resource Economics, 2016, 65(1): 273-295.

[55] Yue H B, Huang Q X, He C Y, et al. Spatiotemporal patterns of global air pollution: a multi-scale landscape analysis based on dust and sea-salt removed $PM_{2.5}$ data [J]. Journal of Cleaner Production, 2020, 252.

[56] Zhang M, Li H. New evolutionary game model of the regional governance of haze pollution in China [J]. Applied

Mathematical Modelling, 2018, 63:577-590.

[57] Zhang M, Li H, Xue L, et al. Using three-sided dynamic game model to study regional cooperative governance of haze pollution in China from a government heterogeneity perspective [J]. Science of The Total Environment, 2019, 694.

[58] Zhang Q, Jiang X J, Tong D, et al. Transboundary health impacts of transported global air pollution and international trade [J]. Nature, 2017, 543:705-709.

[59] Zhu Y F, Wang Z L, Yang J, et al. Does renewable energy technological innovation control China's air pollution? A spatial analysis[J]. Journal of Cleaner Production, 2020, 250:1-10.

[60] [美]埃莉诺·奥斯特罗姆.公共事物的治理之道:集体行动制度的演进[M].余逊达,陈旭东,译.上海:上海三联书店,2000.

[61] 蔡嘉瑶,张建华.财政分权与环境治理[J].经济学动态,2018(1):53-68.

[62] 蔡岚.空气污染整体治理:英国实践及借鉴[J].华中师范大学学报(人文社会科学版),2014, 53(2):21-28.

[63] 曹海军,霍伟桦.城市治理理论的范式转换及其对中国的启示[J].中国行政管理,2013(7):94-99.

[64] 曹一丹.蒲江县大气污染协同治理问题及对策研究[D].成都:电子科技大学,2020.

[65] 柴发合,云雅如,王淑兰.关于我国落实区域大气联防联控机制的深度思考[J].环境与可持续发展,2013(4):5-9.

[66] 陈桂生.大气污染治理的府际协同问题研究——以京津冀地区为例[J].中州学刊,2019(3):82-86.

[67] 陈敏,李振亮,段林丰,等.成渝地区工业大气污染物排放的时空演化格局及关键驱动因素[J].环境科学研究,2022, 35(4): 1072-1081.

[68] 陈少威,贾开.数字化转型背景下中国环境治理研究:理论基础的反思与创新[J].电子政务,2020(10):20-28.

[69] 陈诗一,王建民.中国城市雾霾治理评价与政策路径研究:以长三角为例[J].中国人口·资源与环境,2018, 28(10):71-80.

[70] 陈思婷.区域大气污染联合防治法律制度实施研究[D].吉首:吉首大学,2020.

[71] 程进.长三角城市群大气污染格局的时空演变特征[J].城市问题,2016(1):23-27.

[72] 崔晶,孙伟.区域大气污染协同治理视角下的府际事权划分问题研究[J].中国行政管理,2014(9):11-15.

[73] 丁红卫,姜茗予.日本大气污染治理经验对我国的借鉴——基于环境管理社会能力理论[J].环境保护,2019, 47(22):69-73.

[74] 丁俊菘,邓宇洋,马良.黄河流域雾霾污染时空特征及其影响因素[J].统计与决策,2022, 38(6):60-64.

[75] 范永茂,殷玉敏.跨界环境问题的合作治理模式选择——理论讨论和三个案例[J].公共管理学报,2016, 13(2):63-75, 155-156.

[76] 方木欢.纵横联动:粤港澳大湾区政府间关系的理论分析[J].学术论坛,2020, 43(1):71-78.

[77] 方兴.雾散难识霾路:洛杉矶光化学烟雾事件启示录[N].中国社会科学报, 2014-03-24(8).

[78] 冯杨.H市大气污染治理问题研究[D].沈阳:辽宁大学,2021.

[79] 高慧智,张京祥,胡嘉佩.网络化空间组织:日本首都圈的功

能疏散经验及其对北京的启示[J].国际城市规划,2015,30(5):75-82.

[80] 葛浩然,朱占峰,钟昌标,等.基于引力和客运联系的浙江省城镇网络特征[J].长江流域资源与环境,2018,27(6):1186-1197.

[81] 顾金喜.生态治理数字化转型的理论逻辑与现实路径[J].治理研究,2020,36(3):33-41.

[82] 郭施宏,齐晔.京津冀区域大气污染协同治理模式构建——基于府际关系理论视角[J].中国特色社会主义研究,2016(3):81-85.

[83] 郭文.环境规制影响区域能源效率的阀值效应[J].软科学,2016,30(11):61-65.

[84] 贺璇.大气污染防治政策有效执行的影响因素与作用机理研究[D].武汉:华中科技大学,2016.

[85] 红光.日本公害问题治理对策给我们的启示[M]//中国环境科学学会.中国环境科学学会学术年会优秀论文集(2006)(上卷).北京:中国环境科学出版社,2006:228-232.

[86] 胡佳.区域环境治理中地方政府协作的碎片化困境与整体性策略[J].广西社会科学,2015(5):134-138.

[87] 胡晓宇.京津冀大气环境协同治理机制研究[D].石家庄:河北师范大学,2019.

[88] 胡一凡.京津冀大气污染协同治理困境与消解——关系网络、行动策略、治理结构[J].大连理工大学学报(社会科学版),2020,41(2):48-56.

[89] 环境保护部大气污染防治欧洲考察团.欧盟 $PM_{2.5}$ 控制策略和煤炭使用控制的主要做法——环境保护部大气污染防治欧洲考察报告之四[J].环境与可持续发展,2013,38(5):14-17.

[90]《环境科学大辞典》编委会.环境科学大辞典[M].北京:中

国环境科学出版社,2008.

[91] 黄锦龙.日本治理大气污染的主要做法及其启示[J].全球科技经济瞭望,2013,28(9):65-69,76.

[92] 霍伟东,李杰锋,陈若愚.绿色发展与FDI环境效应——从“污染天堂”到“污染光环”的数据实证[J].财经科学,2019(4):106-119.

[93] 姬翠梅.大气污染跨域治理府际契约构建及其组织运行[J].天津行政学院学报,2019,21(3):55-61,76.

[94] 姬学斌.美国洛杉矶烟雾治理中多元主体合作治理经验分析[D].北京:北京林业大学,2017.

[95] 贾品荣.东京低碳绿色发展给我国城市发展带来三点启示[N].中国经济时报,2020-11-10(3).

[96] 姜玲,叶选挺,张伟.差异与协同:京津冀及周边地区大气污染治理政策量化研究[J].中国行政管理,2017(8):126-132.

[97] 姜晓萍,张亚珠.城市空气污染防治中的政府责任缺失与履职能力提升[J].社会科学研究,2015(1):44-49.

[98] 蒋洪强,卢亚灵,周思,等.生态环境大数据研究与应用进展[J].中国环境管理,2019,11(6):11-15.

[99] 景熠,敬爽,代应.基于结构方程模型的区域大气污染协同治理影响因素分析[J].生态经济,2019,35(8):200-205.

[100] 兰建平.数字化治理推动城市“更智慧”——从浙江经验看全国城市治理现代化探索[J].政策瞭望,2020(5):39-40.

[101] 乐小芳,翟羽帆,董战峰,等.英国大气污染与气候变化协同治理经验及对中国的启示[J].环境保护,2021,49(Z2):94-98.

[102] 李爱,王雅楠,李梦,等.碳排放的空间关联网络结构特征

与影响因素研究：以中国三大城市群为例[J].环境科学与技术，2021，44(6)：186-193.

[103] 李光勤，金玉萍，何仁伟.基于社会网络分析的ICT出口贸易网络结构特征及影响因素[J].地理科学，2022，42(3)：446-455.

[104] 李韩非，刘思潮.多元主体共治模式探究——基于东京大气污染治理的分析[J].河北企业，2020(5)：140-142.

[105] 李红，彭良，毕方，等.我国 $PM_{2.5}$ 与臭氧污染协同控制策略研究[J].环境科学研究，2019，32(10)：1763-1778.

[106] 李辉."避害型"府际合作中的纵向介入：一个整合性框架[J].学海，2022(4)：126-134.

[107] 李辉，黄雅卓，徐美宵，等."避害型"府际合作何以可能？——基于京津冀大气污染联防联控的扎根理论研究[J].公共管理学报，2020，17(4)：53-61.

[108] 李慧.大气污染治理中的地方政府策略研究[D].武汉：华中师范大学，2015.

[109] 李珒.协同治理中的"合力困境"及其破解——以京津冀大气污染协同治理实践为例[J].行政论坛，2020，27(5)：146-152.

[110] 李金凯，程立燕，张同斌.外商直接投资是否具有"污染光环"效应？[J].中国人口·资源与环境，2017，27(10)：74-83.

[111] 李娟.利益相关者视角下大气污染协同治理的优化研究[D].南昌：南昌大学，2020.

[112] 李明全，王奇.基于双主体博弈的地方政府任期对区域环境合作稳定性影响研究[J].中国人口·资源与环境，2016，26(3)：83-88.

[113] 李娜，田英杰，石勇.论大数据在环境治理领域的运用

[J].环境保护,2015, 43(19):30-33.

[114] 李倩,陈晓光,郭士祺,等.大气污染协同治理的理论机制与经验证据[J].经济研究,2022, 57(2):142-157.

[115] 李瑞,李清,徐健,等.秋冬季区域性大气污染过程对长三角北部典型城市的影响[J].环境科学,2020, 41(4):1520-1534.

[116] 李胜.超大城市突发环境事件管理碎片化及整体性治理研究[J].中国人口·资源与环境,2017, 27(12):88-96.

[117] 李夏卿.京津冀区域大气污染协同治理机制研究[D].北京:中共中央党校,2021.

[118] 李昕.从城市群发展谈区域污染协同防治——以京津冀为例[J].环境保护,2020, 48(5):43-45.

[119] 李雪松.东北亚区域环境跨界污染的合作治理研究[D].长春:吉林大学,2014.

[120] 林黎,李敬.长江经济带环境污染空间关联的网络分析——基于水污染和大气污染综合指标[J].经济问题,2019(9):86-92, 111.

[121] 林尚立.国内政府间关系[M].杭州:浙江人民出版社,1998.

[122] 刘传明,张瑾,孙喆.中国北方地区大气污染的空间关联网络及其结构特征[J].环境经济研究,2019, 4(4):63-77.

[123] 刘华军,杜广杰.中国雾霾污染的空间关联研究[J].统计研究,2018, 35(4):3-15.

[124] 刘华军,彭莹.雾霾污染区域协同治理的"逐底竞争"检验[J].资源科学,2019, 41(1):185-195.

[125] 刘洁,万玉秋,沈国成,等.中美欧跨区域大气环境监管比较研究及启示[J].四川环境,2011, 30(5):128-132.

[126] 刘军.整体网分析:UCINET 软件实用指南[M].上海:格致出版社,上海人民出版社,2019.

[127] 刘文祥,郑翠兰.区域公共管理主体间的核心关系探讨[J].中国行政管理,2008(7):92-95.

[128] 刘晓倩.大气污染区域协同治理研究[D].南京:南京师范大学,2021.

[129] 刘小乔.基于行政协调的长三角区域雾霾治理[D].苏州:苏州大学,2015.

[130] 刘曰庆,孙希华,孙宇祥,等.1998～2016 年中国大气 $PM_{2.5}$ 污染浓度空间格局演化——基于 339 个城市的实证研究[J].长江流域资源与环境,2020, 29(5):1163-1173.

[131] 卢春天,朱震.我国环境社会治理的现代内涵与体系构建[J].干旱区资源与环境,2021, 35(9):1-8.

[132] 卢新海,柯善淦.基于生态足迹模型的区域水资源生态补偿量化模型构建——以长江流域为例[J].长江流域资源与环境,2016, 25(2):334-341.

[133] 陆伟芳,肖晓丹,张弢,等.西方国家如何治理空气污染[J].史学理论研究,2018(4):4-26.

[134] 陆旸.从开放宏观的视角看环境污染问题:一个综述[J].经济研究,2012, 47(2):146-158.

[135] 罗强强.地方"数字政府"改革的内在机理与优化路径——基于中国省级"第一梯队"政策文本分析[J].地方治理研究,2021(1):2-12, 78.

[136] 吕阳.欧盟国家控制固定点源大气污染的政策工具及启示[J].中国行政管理,2013(9):93-97.

[137] 马菁,曾刚,胡森林,等.长三角生物医药产业创新网络结构及其影响因素[J]. 长江流域资源与环境,2022, 31(5):960-971.

[138] 毛春梅,曹新富.大气污染的跨域协同治理研究——以长三角区域为例[J].河海大学学报(哲学社会科学版),2016, 18(5):46-51, 91.

[139] 梅雪芹,等.直面危机:社会发展与环境保护[M].北京:中国科学技术出版社,2014.

[140] 孟庆国,魏娜,田红红.制度环境、资源禀赋与区域政府间协同——京津冀跨界大气污染区域协同的再审视[J].中国行政管理,2019(5):109-115.

[141] 孟庆瑜.论京津冀环境治理的协同立法保障机制[J].政法论丛,2016(1):121-128.

[142] 孟天广.政府数字化转型的要素、机制与路径——兼论"技术赋能"与"技术赋权"的双向驱动[J].治理研究,2021, 37(1):2, 5-14.

[143] 宓科娜,庄汝龙,梁龙武,等.长三角 $PM_{2.5}$ 时空格局演变与特征——基于 2013—2016 年实时监测数据[J].地理研究,2018, 37(8):1641-1654.

[144] 聂丽,张宝林.大气污染府际合作治理演化博弈分析[J].管理学刊,2019, 32(6):18-27.

[145] 宁自军,隗斌贤,刘晓红.长三角雾霾污染的时空演变及影响因素——兼论多方主体利益诉求下地方政府雾霾治理行为选择[J].治理研究,2020, 36(1):82-92.

[146] 任孟君.我国区域大气污染的协同治理研究[D].郑州:郑州大学,2014.

[147] 森川多津子.东京都市圈如何治理汽车尾气[N].中国环境报,2018-08-09(3).

[148] 邵帅,李欣,曹建华,等.中国雾霾污染治理的经济政策选择——基于空间溢出效应的视角[J].经济研究,2016, 51(9):73-88.

[149] 盛科荣,杨雨,张红霞.中国城市网络的凝聚子群及影响因素研究[J].地理研究,2019, 38(11):2639-2652.

[150] 石颖颖,朱书慧,李莉,等.长三角地区大气污染演变趋势及空间分异特征[J].兰州大学学报(自然科学版),2018, 54(2):184-191, 199.

[151] 孙兵.京津冀协同发展区域管理创新研究[J].管理世界,2016(7):172-173.

[152] 孙军,高彦彦.技术进步、环境污染及其困境摆脱研究[J].经济学家,2014(8):52-58.

[153] 孙敏杰.大气污染的政府协同治理研究[D].上海:上海交通大学,2017.

[154] 孙燕铭,周传玉.长三角区域大气污染协同治理的时空演化特征及其影响因素[J].地理研究,2022, 41(10):2742-2759.

[155] 孙瑜颢.欧盟主要国家大气污染治理经验对我国的启示及案例分析[D].北京:对外经济贸易大学,2015.

[156] 锁利铭.跨省域城市群环境协作治理的行为与结构——基于“京津冀”与“长三角”的比较研究[J].学海,2017(4):60-67.

[157] 锁利铭.区域战略化、政策区域化与大气污染协同治理组织结构变迁[J].天津行政学院学报,2020, 22(4):55-68.

[158] 锁利铭,阚艳秋,李雪.制度性集体行动、领域差异与府际协作治理[J].公共管理与政策评论,2020, 9(4):3-14.

[159] 唐湘博，陈晓红.区域大气污染协同减排补偿机制研究[J].中国人口·资源与环境，2017，27(9)：76-82.

[160] 田玉麒.协同治理的运作逻辑与实践路径研究[D].长春：吉林大学，2017.

[161] 田玉麒.制度形式、关系结构与决策过程：协同治理的本质属性论析[J].社会科学战线，2018(1)：260-264.

[162] 汪锦军，张长东.纵向横向网络中的社会组织与政府互动机制——基于行业协会行为策略的多案例比较研究[J].公共行政评论，2014，7(5)：88-108，190-191.

[163] 汪伟全.空气污染的跨域合作治理研究——以北京地区为例[J].公共管理学报，2014，11(1)：55-64.

[164] 汪泽波，王鸿雁.多中心治理理论视角下京津冀区域环境协同治理探析[J].生态经济，2016，32(6)：157-163.

[165] 王东方，董千里，陈艳，等.中欧班列节点城市物流网络结构分析[J].长江流域资源与环境，2018，27(1)：32-40.

[166] 王红梅，谢永乐，张驰，等.动态空间视域下京津冀及周边地区大气污染的集聚演化特征与协同因素[J].中国人口·资源与环境，2021，31(3)：52-65.

[167] 王红梅，邢华，魏仁科.大气污染区域治理中的地方利益关系及其协调：以京津冀为例[J].华东师范大学学报(哲学社会科学版)，2016，48(5)：133-139，195.

[168] 王金南，雷宇，宁淼.改善空气质量的中国模式："大气十条"实施与评价[J].环境保护，2018，46(2)：7-11.

[169] 王金南，宁淼，孙亚梅.区域大气污染联防联控的理论与方法分析[J].环境与可持续发展，2012，37(5)：5-10.

[170] 王金南，宁淼，严刚，等.实施气候友好的大气污染防治战略[J].中国软科学，2010(10):28-36.

[171] 王金南，张静，刘年磊，等.基于EKC的全面小康中国与发达国家环境质量比较[J].中国环境管理，2016，8(2):9-15，23.

[172] 王敬波.面向整体政府的改革与行政主体理论的重塑[J].中国社会科学，2020(7):103-122，206-207.

[173] 王路昊，林海龙，锁利铭，等.地方政府间经济合作到创新合作:自我升级与上级驱动[J].公共管理评论，2019(2):17-43.

[174] 王琦，黄金川.东京都市圈大气污染防治政策对京津冀的启示[J].地理科学进展，2018，37(6):790-800.

[175] 王圣云，翟晨阳，顾筱和.长江中游城市群空间联系网络结构及其动态演化[J].长江流域资源与环境，2016，25(3):353-364.

[176] 王文兴，柴发合，任阵海，等.新中国成立70年来我国大气污染防治历程、成就与经验[J].环境科学研究，2019，32(10):1621-1635.

[177] 王欣.大气污染联防联控法律机制研究[D].赣州:江西理工大学，2019.

[178] 王学栋，张定安.我国区域协同治理的现实困局与实现途径[J].中国行政管理，2019(6):12-15.

[179] 王雁红.政府协同治理大气污染政策工具的运用——基于长三角地区三省一市的政策文本分析[J].江汉论坛，2020(4):26-32.

[180] 王元丰.中国治雾霾不用30年，比西方快[N].环球时报，2014-04-09(15).

[181] 王志华，焦海霞，高杰.长三角资源型制造业地理集中与产能过剩的关系分析[J].统计与决策，2018，34(6):140-143.

[182] 魏娜,孟庆国.大气污染跨域协同治理的机制考察与制度逻辑——基于京津冀的协同实践[J].中国软科学,2018(10):79-92.

[183] 魏巍贤,王月红.跨界大气污染治理体系和政策措施——欧洲经验及对中国的启示[J].中国人口·资源与环境,2017,27(9):6-14.

[184] 吴乐英,钟章奇,刘昌新,等.中国省区间贸易隐含 $PM_{2.5}$ 的测算及其空间转移特征[J].地理学报,2017,72(2):292-302.

[185] 吴磊,郑君瑜.粤港区域大气环境管理创新机制研究[J].资源开发与市场,2016,32(10):1172-1177.

[186] 吴艳丽.我国大气污染联防联控的社会参与机制研究[D].赣州:江西理工大学,2018.

[187] 吴洋.西安城市雾霾演进与治理研究(1912—2019年)[D].西安:陕西师范大学,2020.

[188] 武敏.日本环境保护管理体制概况及其对我国的启示[J].新乡学院学报(社会科学版),2010,24(1):56-59.

[189] 肖严华,侯伶俐,毛源远.经济增长、城镇化与空气污染——基于长三角城市群的实证研究[J].上海经济研究,2021(9):57-69.

[190] 谢宝剑,陈瑞莲.国家治理视野下的大气污染区域联动防治体系研究——以京津冀为例[J].中国行政管理,2014(9):6-10.

[191] 谢菲."洛杉矶模式"的成因分析[J].国际城市规划,2009,24(5):85-90.

[192] 谢庆奎.中国政府的府际关系研究[J].北京大学学报(哲学社会科学版),2000(1):26-34.

[193] 邢华.我国区域合作治理困境与纵向嵌入式治理机制选择

[J].政治学研究，2014(5)：37-50.

[194] 邢华，邢普耀，姚洋涛.京津冀区域大气污染的纵向嵌入式治理机制研究——交易成本的视角[J].天津行政学院学报，2019，21(1)：3-11.

[195] 熊烨.跨域环境治理：一个"纵向—横向"机制的分析框架[J].北京社会科学，2017(5)：108-116.

[196] 徐绪堪，刘思琪，张宏阳.城市群视角下大气污染空间效应和影响因素研究[J].科技管理研究，2020，40(15)：244-251.

[197] 阎波，武龙，陈斌，等.大气污染何以治理？——基于政策执行网络分析的跨案例比较研究[J].中国人口·资源与环境，2020，30(7)：82-92.

[198] 颜佳华，吕炜.协商治理、协作治理、协同治理与合作治理概念及其关系辨析[J].湘潭大学学报(哲学社会科学版)，2015，39(2)：14-18.

[199] 严燕，刘祖云.风险社会理论范式下中国"环境冲突"问题及其协同治理[J].南京师大学报(社会科学版)，2014(3)：31-41.

[200] 燕丽，雷宇，张伟.我国区域大气污染防治协作历程与展望[J].中国环境管理，2021，13(5)：61-68.

[201] 杨华锋.后工业社会的环境协同治理[M].长春：吉林大学出版社，2013.

[202] 杨立华，常多粉，张柳.制度文本分析框架及制度绩效的文本影响因素研究：基于47个大气污染治理法规政策的内容分析[J].行政论坛，2018，25(1)：96-106.

[203] 杨立华，张柳.大气污染多元协同治理的比较研究：典型国家的跨案例分析[J].行政论坛，2016，23(5)：24-30.

[204] 杨骞,王弘儒,刘华军.区域大气污染联防联控是否取得了预期效果?——来自山东省会城市群的经验证据[J].城市与环境研究,2016(4):3-21.

[205] 杨文涛,黄慧坤,魏东升,等.大气污染联合治理分区视角下的中国 $PM_{2.5}$ 关联关系时空变异特征分析[J].环境科学,2020,41(5):2066-2074.

[206] 易承志,张开羽.结构、机制与功能:中国环境网络式协同治理的三维分析——以零盟为例[J].行政论坛,2019,26(3):129-137.

[207] 易志斌.中国区域环境保护合作问题研究——基于主体、领域和机制的分析[J]. 理论学刊,2013(2):65-69.

[208] 于文轩.生态环境协同治理的理论溯源与制度回应——以自然保护地法制为例[J].中国地质大学学报(社会科学版),2020,20(2):10-19.

[209] 余娟娟,龚同.全球碳转移网络的解构与影响因素分析[J].中国人口·资源与环境,2020,30(8):21-30.

[210] 余敏江.智慧环境治理:一个理论分析框架[J].经济社会体制比较,2020(3):87-95.

[211] 余晓,顾玲巧,单嘉祺.整体政府视角下标准化治理府际合作的生成机理研究[J].公共管理与政策评论,2022,11(5):131-141.

[212] [美]约翰·斯科特. 社会网络分析法(第3版)[M].刘军,译.重庆:重庆大学出版社,2016.

[213] 曾维和.后新公共管理时代的跨部门协同——评希克斯的整体政府理论[J].社会科学,2012(5):36-47.

[214] [美]詹姆斯·N.罗西瑙.没有政府的治理:世界政治中的秩

序与变革[M].张胜军,刘小林,等,译.南昌:江西人民出版社,2001.

[215] 张成福,李昊城,边晓慧.跨域治理:模式、机制与困境[J].中国行政管理,2012(3):102-109.

[216] 张桂蓉,雷雨,周付军.社会网络视角下政府应急组织协同治理网络结构研究——以中央层面联合发文政策为例[J].暨南学报(哲学社会科学版),2021(11):90-104.

[217] 张可云,吴瑜燕.北京与周边地区基于环境保护的区域合作机制研究[J].北京社会科学,2009(1):32-39.

[218] 张鸣春.从技术理性转向价值理性:大数据赋能城市治理现代化的挑战与应对[J].城市发展研究,2020, 27(2):97-102.

[219] 张伟,吴文元.基于环境绩效的长三角都市圈全要素能源效率研究[J].经济研究,2011, 46(10):95-109.

[220] 张伟,张杰,汪峰,等.京津冀工业源大气污染排放空间集聚特征分析[J].城市发展研究,2017, 24(9):81-87.

[221] 张文博,周冯琦.人工智能背景下的环境治理变革及应对策略分析[J].社会科学,2019(7):23-30.

[222] 张艳楠,孙蕾,张宏梅,等.分权式环境规制下城市群污染跨区域协同治理路径研究[J].长江流域资源与环境,2021, 30(12):2925-2937.

[223] 章少民.中国生态环境信息化:30 年历程回顾与展望[J].环境保护,2021, 49(2):37-44.

[224] 赵辰霖,徐菁媛.粤港澳大湾区一体化下的粤港协同治理——基于三种合作形式的案例比较研究[J].公共行政评论,2020, 13(2):58-75, 195-196.

[225] 赵苗苗,赵师成,张丽云,等.大数据在生态环境领域的应

用进展与展望[J].应用生态学报,2017, 28(5):1727-1734.

[226] 赵新峰,袁宗威.京津冀区域政府间大气污染治理政策协调问题研究[J].中国行政管理,2014(11):18-23.

[227] 赵新峰,袁宗威.京津冀区域大气污染协同治理的困境及路径选择[J].城市发展研究,2019, 26(5):94-101.

[228] 郑建明,刘天佐.多中心理论视域下渤海海洋环境污染治理模式研究[J].中国海洋大学学报(社会科学版),2019(1):22-28.

[229] 郑巧,肖文涛.协同治理:服务型政府的治道逻辑[J].中国行政管理,2008(7):48-53.

[230] 周侃,樊杰.中国环境污染源的区域差异及其社会经济影响因素——基于339个地级行政单元截面数据的实证分析[J].地理学报,2016, 71(11):1911-1925.

[231] 朱成燕.内源式政府间合作机制的构建与区域治理[J].学习与实践,2016(8):55-62.

[232] 朱德庆.跨域环境污染协同治理研究[D].上海:上海交通大学,2014.

[233] 朱京安,杨梦莎.我国大气污染区域治理机制的构建——以京津冀地区为分析视角[J].社会科学战线,2016(5):215-223.

[234] 卓成霞.大气污染防治与政府协同治理研究[J].东岳论丛,2016, 37(9):183-187.

图书在版编目(CIP)数据

区域大气污染协同治理的理论与实践 / 程进著 .—
上海 ：上海社会科学院出版社，2023
ISBN 978 - 7 - 5520 - 4207 - 8

Ⅰ. ①区… Ⅱ. ①程… Ⅲ. ①空气污染—污染防治—
研究 Ⅳ. ①X51

中国国家版本馆 CIP 数据核字(2023)第 147742 号

区域大气污染协同治理的理论与实践

著　　者：程　进
责任编辑：包纯睿
封面设计：黄婧昉
出版发行：上海社会科学院出版社
　　　　　上海顺昌路 622 号　邮编 200025
　　　　　电话总机 021 - 63315947　销售热线 021 - 53063735
　　　　　http://www.sassp.cn　E-mail:sassp@sassp.cn
照　　排：南京理工出版信息技术有限公司
印　　刷：上海新文印刷厂有限公司
开　　本：890 毫米×1240 毫米　1/32
印　　张：7
插　　页：1
字　　数：167 千
版　　次：2023 年 9 月第 1 版　2023 年 9 月第 1 次印刷

ISBN 978 - 7 - 5520 - 4207 - 8/X · 028　　定价：58.00 元